文庫

植物記

牧野富太郎

筑摩書房

目次

植物記

オニバスの幼株を首にかけた牧野富太郎〔高知県立牧野植物園〕

序

これまで発行せられたいろいろの雑誌に私の書いた小品文はそう鮮《すくな》くなかった。今回桜井書店主人の需《もと》めを快諾してその中の興趣ありと濫《みだ》りに自分勝手に認めるもの三十七題を択んで、ここにこれをこの一書に纏《まと》め読書界に送った。

読書界の人々が果してこれを歓迎して下さるか、あるいは嫌厭せられるか、将亦《はたまた》風馬牛に遇せらるるか、いわゆる知らぬは亭主ばかりでそれは私の暁《さ》とり得ん所だが、私は今この書を世に公にするからには成るべく一般に読んで頂きたいと悃願《こんがん》する。書肆《しょし》にあってもこの時局下出版困難の際に拘わらず、勇を鼓して費用構わず発行したからには、算盤が採れんでは困るであろう、イヤ大に売れんと商売にならんと泣き顔になるであろうと察する。それほどに言うなら中の記事はどうか、もしも悪るかりゃ売れんは当り前、また読んでくれんのも当前だ。が、しかしこの書の記事には相当に啓蒙的啓発的の事実を含めてあるので、幸に読んで下されし人々は、読後決して得る所は絶えて無かったとこぼしはしまいと信ずる。

文章は多くは誰れにも読み易く解り易く書いてあるが、しかしその文中の事実には、大きく言えば、前人未発の新説新考を含んでいると自讃している。ただし中にはそんなのでもない文章も交っているから全篇が皆有用の文字だとは私は決して言わない。つまり玉石の混淆《こんこう》した一書であると白状するのが自分の良心に恥じぬ所であろう。

結網学人

牧野富太郎　のべる

万葉歌のツチハリ

万葉集巻七の中に

吾がやどに生ふる土針心ゆも想はぬ人の衣に摺らゆな

という歌があるが、この歌によみ込んであるツチハリという植物は果して何んであろうか。従来学者によりてその実物の考えがまちまちになっていて、ある学者はこれをエンレイソウ（ユリ科）ならんといい、ある学者はヤクモソウ一名メハジキ（クチビルバナ科）であろうといい、またある学者はそれはツクバネソウ（ユリ科）であるといっていて、今はこのツクバネソウをそれに充《あて》るのがまず通説の様になっている。そしてその根拠とする所は彼の源順《みなもとのしたごう》の『倭名類聚鈔《わみようるいじゆしよう》』に王孫を都知波利（ツチハリ）と書いてあるによってである。

従来我邦の学者は支那で王孫という草を我がツクバネソウに充てていれど、これは疑もなく妄断であって王孫は決してツクバネソウその者ではなく、これは全く我が日本には産せぬ別の草である。世間の学者達は今尚依然として小野蘭山《らんざん》の『本草綱目啓《ほんぞうこうもくけい》蒙《もう》』などの旧説を信じ、これに準拠して書いていれど、最早進歩せる今日の知識から観ると同書漢名の充て方（アイデンチフィケーション）などは間違っているものが多く、それをそのまま用うるとなると、トンダ間違と混乱とを惹き起す事になる。彼の大槻先生の『大言海《だいげんかい》』なども植物に関してはこの旧説の中に漂うている辞書の一つである。

今上の様に歌の中のツチハリをツクバネソウとして見ればそれで不都合はないかと言うと、それは全然歌の意とは合致していない。元来このツクバネソウというのは独り深山のみに生じていて頻々とは吾人と出逢わぬ貧弱な小草であって通常人里からは遠く隔った処に見受けるものであるから、これは決して「吾がやどに生ふる」というべきものではない。それが「吾がやどに生ふる」というからには、吾が家の庭の中かもしくは直《す》ぐその居周りかに野生せる普通の草でなければならない。そしてまたそれが衣に摺る色を有《も》っていて染料になるものでなければならない。

しかるにツクバネソウは一向染料にはならないただの草であるので、昔から誰れもこれをその料に使った人はない。近日出版せられた佐佐木信綱博士の『万葉辞典』にツチハリに充てたツクバネソウ（記載文と図とによる）が染料になると書いてあるのは固《もと》より誤りで、この草はあえて染料になるものではない事右に書いた通りである。

要するに、歌のツチハリは決してツクバネソウを指したものではない。『倭名類聚鈔』に王孫をツチハリと書いてあっても、同書には単に名ばかりあってあえてその形状が書いてないから、それが果して『万葉集』のツチハリと同物であるか否か判然しない。そしてまた我邦従来の諸学者が王孫をツクバネソウとしているにより『倭名類聚鈔』のツチハリをツクバネソウと同物だと考える事も軽率である。しかしもしも『倭名類聚鈔』の王孫が果してツクバネソウであったなら、この都知波里（ツチハリ）は決して『万葉集』のツチハリ（土針）ではない。すなわち『万葉集』のツチハリとツクバネソウとは何の縁もユカリもなく、かつこれを同品と見るのは少しも実地に即せぬものである。本当によく植物を知らぬ学者は、こんな不合理な事実にもあえて気が付かない。小野蘭山の『本草綱目啓蒙』には、王孫の下にツクバネソウの名は署してあれどツチハリの名は書いてない。同書にはよく古名が出ているに拘わらず、ここにツチハリの名は見えないのである。

しかればすなわち、万葉のツチハリとは何んであるのか、実は私もその実物の摸索には迷っているが、しかし多少の私案がないでもない。それは今ここに軽々に述べる事を今姑《しばら》く保留しておきたい。

今は既に故人となったが、私の最も親しい師友であった人に永沼小一郎という世にも珍らしい博学な天才の士があった。この人は丹後舞鶴の出身で明治十二年に神戸の兵庫県立病院附属医学校から転じて土佐高知の学校へ来られ、同地の県立中学校、県立師範学校で長らく教鞭を執っていられた。氏は土佐を第二の故郷だと思われて久しく高知に住われたが、その後明治三十年に遂に教職を辞して東上せられ小石川区巣鴨町に居を卜《ぼく》せられた。

氏は実に世にも得難き碩学《せきがく》の士で博《ひろ》く百科の学に精通し、それがまた通り一遍の知識でなく悉《ことごと》く皆深邃《しんすい》の域に達していられた。それゆえ文部省から贈られた教員免許状でも七、八科程も持っていられた。かく氏の各方面に学問の深いことは高知に於て県立病院の薬局長を兼任していられた一事でも首肯《うなず》かれる。一面学校の先生で一面薬局長は他に類のない出来事であろう。氏は和漢洋の学に通じ科学文学之《ゆ》く所として可ならざるなく、晩年には音階の声音の震動数が不規則だからこれを正しい震動数の音階に改正せねばならんと大いにそれに熱中して綿密にこれを計算していられたが、遂にそれは公に発表せられずにこの世を辞された。

同氏は先年東京で私の発行していた『植物研究雑誌』へ「植物古名考」と題して筆を執られ、上のツチハリについて書かれた。それが大正六年七月同誌の第一巻第七号であった。今左に同氏の説を抄出して紹介して見るが、これもまたツチハリの一説である。

つちばり　土針万

今名　れんげさう（まめ科）

其歌

吾屋前《やど》に生《お》ふる土針心従《つちばりこころゆ》も想《おも》はぬ人の衣《きぬ》に摺《す》らゆな

トアルガ之ヲ倭名鈔ニハ王孫ニ宛テ沼波利久佐《ぬばりくさ》此間ニ云豆知波里《つちはり》トシテアルヲ古名録

ニ益母草苗也今名めはじきのわかなへト云ツテアルガ一向其要領ガ得ラレヌ、今歌ニスガリテ之ヲ考ヘテ見ルニ土針ハ今云フれんげさうラシクアル、れんげさうハ舶来ナリト云フ人ガアルガ若《も》シサウデアツタトシテモ万葉時代ニハモハヤ野生状ヲナシテ居ツタモノデアラウ、其故ハ生ふるトアルハ自然ニハエテ居ルコトデ蒔イタ者カ栽ヱタ者ナラバまきしトカうゑしトカ云フガ常デアル、而シテ土針ハ花モ美クシクシテ人ノ注意ヲ惹キ、其花ノ色素ハ衣ニ摺ル料ニシタコトハ十分ニウカヾハル、、サテれんげさうハはぎナド、同ジヤウニ花摺ニハ最適当ナル者ナレバ土針ハイヨイヨれんげさうデアルコトガ首肯サル、、シカシ土針ガ何故れんげさうノコトニナルカト云フニ、先ヅ土針カラ解イテ見ヨウ、即針《はり》ハ萩《はぎ》ノコトナリ、昔ハりトきトハ通用シテ山吹《やまぶき》ヲ山振《やまぶり》ト云ヒ古事記ニ手《て》を振《ふ》りてト云フトコロヲ手をふきてトアル、又土《つち》ハ土《つち》デ凡テ土ニ就テ生ズルモノヲ形容シテ土《つち》ト云ツタ例《ため》シハ頓医抄ニ「土いちごは蛇苺《へびいちご》にして」トアリ、又ぬすびとのあしノコトヲ本草類編ニつちとちナド、云ツテアル、サレバ土針ハ土ニ塌シタル萩ト云フコトデれんげさうノ葉ヤ花ノサマヲ萩ニ見立テ而《し》カモ蛇苺ノヤウニ土ヲ這ツテ居ルトコロカラヤガテ土針ト呼ンダノデアラウ、又常ノ萩モ之ヲ衣ニ摺ルコトヲ詠ンダ歌ハ万葉ニハ其例ニ乏シクナイ。

永沼氏の所見は右の如《ごと》くで、かつ一つの新説で面白くはあるが、しかしこの万葉歌の出来た時代に果してゲンゲすなわちレンゲソウが既に我邦に渡来していたかどうかが一つの問題である。証拠があれば何んでもないが、そこには別に何ものもありはすまいからこれはただ想像の説といって宜《よろ》しいわけである。

ゲンゲは元来支那の原産植物で、それが昔に我邦に渡来し今日では緑肥として一般に田面に播種せられているが、またそれからその種子が逸出して半野生の状態となっている処もある。その支那の名は翹揺であるが、また別に紫雲英の名がある事はよく人の知っている所である。

万葉集スガノミの新考

『万葉集』の巻の七に

真鳥《まとり》住《す》む卯名手《うなて》の神社《もり》の菅《すが》のみ（本文は根《ね》とある）を衣《きぬ》に書《か》き付《つ》け服《き》せむ児《こ》（女《をんな》）もがも

という歌がある。

古くより今日に至るまで何《いず》れの万葉学者も皆この菅《すが》の実をヤマスゲであると解し、そのヤマスゲはすなわち漢名麦門冬のヤマスゲを指したものである。すなわちこの麦門冬をヤマスゲと称することは古く深江輔仁《ふかえのすけひと》の『本草和名《ほんぞうわみよう》』ならびに僧昌住《しようじゆう》の『新撰字鏡《しんせんじきよう》』にそう出ており、また源順の『倭名類聚鈔』にも同じくそうある。かくこの麦門冬をヤマスゲといったのは極めて古い昔の名であるが、しかしこの名は疾《と》くに廃れて今はこれをジャノヒゲあるいはリュウノヒゲあるいはジョウガヒゲあるいはジイノヒゲあるいはタツノヒゲなどと呼んでいる。

右の、「真鳥住《まとりす》む卯名手《うなて》の神社《もり》のすがのみを衣《きぬ》に書《か》き付《つ》けきせむこもがも」なるこの歌の意は菅《すが》という一種の植物が卯名手（奈良県大和の国高市郡金橋村雲梯《かなばしむらうなて》）の神社の杜《もり》に生えていて、その熟した実を採って衣布に書き付け、すなわち摺り付けて色を着け、その染めた衣《きぬ》を着せてやる女があればよい、どうかどこかにあって欲しいものダというのであるから、そのスガの実はどうしても染料になるものでなければならない事は誰が考えても直《す》ぐ分る事であろう。古名ヤマスゲ今名リュウノヒゲの実がもし染料になるものならばまずはそれでもその意味が通ぜんことは無いとしても、実際この麦門冬の実（実は裸出せる種子《じつ》である）は絶対に染料にはならぬものダ。ゆえに昔よりそれで物を染めたタメシが無い。それはそのはずである。麦門冬すなわちリュウノヒゲの実は誰れもが普く知っている様に美麗な藍色に熟してはいるが、幾らこれを衣布に摺り付け（すなわち書き付け）たとて一向に衣布は染まらないからである。すなわちこの実の藍色なのは単にその実の表皮だけであって、その表皮は極めて菲薄《ひはく》な膜質で何の色汁も含んでいない。そしてその表皮の下には薄い白肉層があって中心に円い一種子状胚乳を含んでいるに過ぎない。ゆえに何れの書物を見てもこの麦門冬の実を染料に利用することは当然一向に書いてないが、しかしそれを染料に使うのだと強《しい》て机上で空想するのは独り万葉学者のみである。畢竟《ひっきょう》それは同学者が充分に植物に通じないから起る病弊であるといえる。

しからばすなわちその真鳥《まとりす》住む卯名手《うなて》の神社《もり》の云々の歌に在るスガとは一体何を指しているのかと言うと、それはスイカズラ科（忍冬科）のガマズミのことであって、すなわちスガノミとはそのガマズミの実である。これは従来誰一人として気の附かなかったものである。

このガマズミは浅山または丘岡またあるいは原野にも生じている落葉灌木で、我邦の諸州に普通に見られ、神社の杜《もり》などにはよくそれが生じている。同属中の別の種類、例えばミヤマガマズミなどは奥山にも産すれど、ガマズミは畢竟里近い樹で断えて深山にはこれを見ない。緑葉が枝に対生し五、六月の候枝梢の傘房状をなして多数の五雄蕊小白花を聚《あつ》め開き、その時分に山野へ行くとそここゝでこれに出会いその攅簇《さんそう》せる白花がよく眼に着く。秋になるとアズキ大の実が枝端に相集りそれが赤色に熟してすこぶる美しく、実の中に赤い汁を含んでいてその味が酸く、よく田舎の子供が採って食している。処によってはこれを漬物桶へ入れて漬物と一緒に圧し、その漬物に赤い色を附与するに用いらるる。この様にその実に赤汁があって赤色に染まるので、そこで昔これを着色の料として衣布へ摺り付けそれを染めたものと見える。すなわちかく解釈すると為《た》めにその歌が初めて生きて来て、その歌句がよく実況と合致し何等その間に疑いを挟む余地はないこととなる。

ところがその間聊《いささ》か遺憾な事には今私の識《し》っている限りに於てガマズミにスガなる方言は見付からないが、しかしガマズミにズミの名がある。万葉のスガは蓋《けだ》しこのズミと同系であろうと思う。そして何方《どちら》かが転化しているのではないかと考えられる。右のズミは元来スミが本当でそれが音便によってズミとなったのである。このスミはソミすなわち染ミで物を染めるから来た名である。それは丁度イバラ科のズミと称《とな》うる樹と同じ名で、このズミの樹はその樹皮を染料に使うものである。すなわちズミの名はこれに基きて生じ、そしてその正しい名はその染ミから来たスミであってそれがズミに変じたものである。右の歌のスガが、ガマズミの方言として今日もしも消えやらずに大和高市郡の雲梯《うなて》（卯名手《うなて》）辺に残っていることがあったとしたら、それは誠に興味深き事実を提供することになる。私は折があったら同地方へ

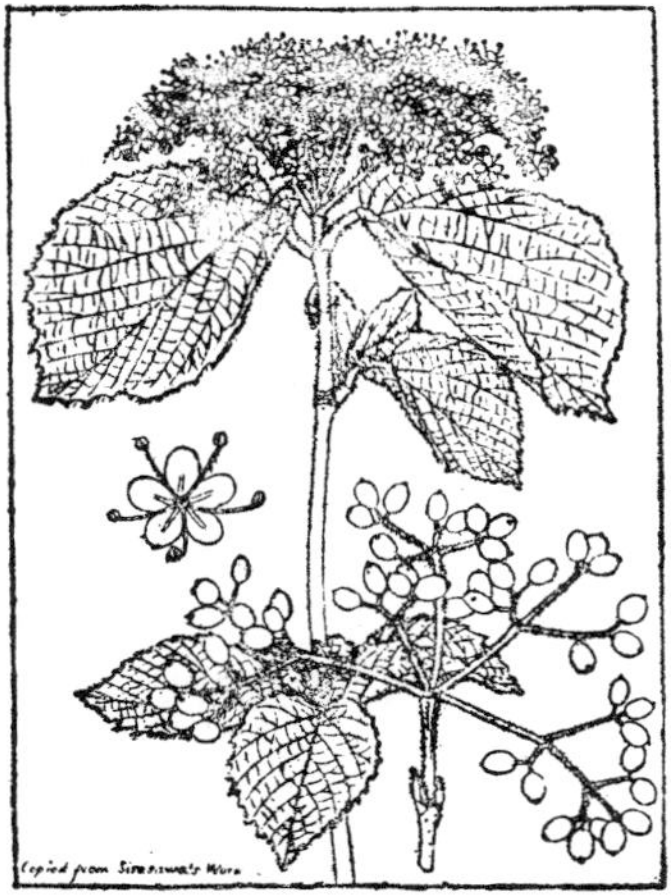

ガマズミ

行ってこれを調査して見たいと思っている。

これまでガマズミの実が衣布の染料になると言った人もまた書いた人も一向になかったが、しかしいみじくも万葉の歌がそれが染め料になるべき事実を明かに誨《おし》え証拠立てて居る事は全く該《そ》の歌の貴い所であるというべきダ。すなわちこの歌ならびに次の歌があったため、吾等は始めて昔時ガマズミの実を染料にしたという事実を幸に把握する事が出来たのである。

上のガマズミにはズミの外《ほか》、ヨソゾメ、ヨツドメ、ヨツズミ、イヨゾメなどの一名がある。ガマズミのスミ、ヨツズミのスミ、ヨソゾメのソメ、イヨゾメのソメはズミのスミと同じく共に皆染めるの意である。そしてヨツドメはヨソゾメを訛ったものである。しかしガマ、ヨツ、ヨソ、イヨという形容詞は何を意味しているのか今私には解せないのを遺憾とし、博識な君子の教えを乞いたいと希望している所以《ゆえん》である。

上の歌ではスガノミのスガに菅の字が充《あ》て用いてある。この菅の字は通常スゲ（Carex）の場合に用いスゲともスガとも訓《よ》ませてある。しかしこの歌の菅《すが》ノミの菅《すが》は、仮令《たとい》字面は同じでも決してスゲ（Carex）の場合のスゲではない。菅《すが》をスゲの外、スガと訓ますもんですから、それでガマズミの場合のスガに菅の字を借り用いたものに過ぎないであろう。「真《ま》鳥住《とりす》む」云々の歌を上の様に解釈してこそ、そこで始めて次の歌が生きて来る。すなわちそれは『万葉集』七の巻に載っているものである。

妹《いも》が為《た》め菅《すが》の実採《みと》りに行《ゆ》きし吾《あ》れ山路《やまぢ》に惑《ま》どひ此《こ》の日暮《ひくら》しつ

これまでの万葉学者は何れもこの歌の菅《すが》の実《み》をも古名ヤマスゲの麦門冬であると解している。すなわちこの麦門冬の実は子女が玩ぶものゆえ、それでそれを採りに行ったとしている。

しかるにここは決してそうではない。このスガノミはこれもやはり前の歌の様にそれはガマズミの実である。すなわちこの歌の意は衣を染めん料にとしてそれを我が妻に与えんがため山へガマズミの実を採りに行き、そのものを捜しつつ山中をそちこちと彷徨《さまよ》うて歩き廻り、遂にその日一日を山で暮して仕舞ったというのである。これはつまりその実を成るべく多量に採り集めんがためであったのであろう。

ここに妹というのは何にも麦門冬の実をお手玉にして遊ぶほどの幼女ではあるまい。人の妻にでもなろうという程な年輩の女には最早こんな幼稚極まる遊びには全く興味はない。ゆえにこれを万葉学者がお定まりの様にいっている麦門冬なるヤマスゲ、すなわち今名リュウノヒゲとするのは全く誤りである。しかしこれを手玉にするのではなくその藍色の実を染料にする目的と仮定しても、それは前にも述べた様に全然不可能な事に属する。すなわち強てこれを紙に摺り付くれば、単にその毀《やぶ》れた外皮のカケラが暫時不規則に紙に貼り着くのみである。

これに反して彼《か》のガマズミの実なれば確かに染料になるので、そこでそれを女に贈れば為めに色ある美衣を製し得ることになるから女の喜びはまた格別なものであろう。すなわち山を終日駆け廻ってその実を蒐《あつ》めるだけの値打ちは充分にある。女はかく色彩のある衣《きぬ》を熱愛するがゆえに従ってそれを染める（書き付ける、すなわち摺り付ける）料になる実を女に贈り与えるのはそこに大いに意義がある。すなわちこの様に解釈してこそこの歌、すなわち、「妹《いも》が為《た》め菅《すが》の実《み》採《と》りに行《ゆ》きし吾《あ》れ山路《やまぢ》に惑《ま》どひ此《こ》の日暮《ひくら》しつ」の歌が始めて生動するのである。万葉学者が一向にそこに気が付かず、また誤った麦門冬をここへ持ち出して来るからこの歌の解釈がうまく行かず、かつ少しも実際と合致する事がないのである。

以上述べた理由よりして私は右二つの歌の菅の実、すなわちスガノミは、これは全くガマズミの実を指すものだと断言する。すなわちこの事実は蓋《けだ》しこれまで数多き万葉学者の誰もが説破していない新説であろうと私は私自身を信ずるのである。

序《ついで》に古名ヤマスゲ（山菅）の麦門冬について、世人と併せて万葉学者の注意を喚起したい事は、麦門冬には決して大小の二種あるものではないという事実である。世人は皆小野蘭山の『本草綱目啓蒙』の僻説に謬《あや》まられて麦門冬に二種ありとし、すなわち一を小葉麦門冬としてこれにリュウノヒゲ一名ジャノヒゲを配し一を大葉麦門冬としてこれに古名ヤマスゲ一名ヤブラン一名ムギメシバナ一名コウガイソウを配しているがこれは全く誤りで、小葉麦門冬とか大葉麦門冬とかそんな漢名は一切これ無く、それは蘭山が勝手に拵《こしら》えた字面である。元来その漢名麦門冬の中には決してヤブランは与《あずか》っていなく、これは麦門冬埒《らち》外《がい》の品である。従って麦門冬はリュウノヒゲ一名ジャノヒゲ、古名ヤマスゲの専用名である。蘭山はこの古名のヤマスゲをヤブランの古名の様に書いていれどもそれも全く誤りで、これは疑いもなくリュウノヒゲの古名である。

元来『万葉集』には恐らく麦門冬のヤマスゲ（山菅）は関係の無い植物であって、集中の歌に山菅（ヤマスゲ）とあるのは多くは本当のスゲ属すなわちCarexのあるものを指しているのではないかと思う。ヤブランに至っては全然万葉歌の何れにも無関係で、この品は断然同集より追い斥けらるべきものである。

『万葉集』の三の巻に

奥山《おくやま》の菅《すが》の葉凌《はし》ぬぎふる雪《ゆき》の消《け》なば惜《を》しけむ雨《あめ》なふりそね

という歌がある。万葉学者はこの歌の菅を山菅としそれが麦門冬であるとしていれど、それは誠に不徹底な想像説たる事を免れ得ない。何とならば元来麦門冬は決して奥山には生えていないからである。ゆえに古名ヤマスゲのリュウノヒゲでも、またあるいはヤブランでもこれを奥山で得ることは全く出来ない。右の二つの植物は里近かの極低い岡かその麓《ふもと》の地かあるいは平地かに生えているに過ぎない。ゆえにこの歌の菅はCarex属のある種類であるカンスゲか何かを指したものであろう。カンスゲなら奥山にも生じている著しいスゲで、これはその名の示すが如く雪の降る寒中でも青々と繁茂している常磐の品である。こんな奥山のスゲを想像してこそこの歌に妙味がある。

また『万葉集』の十一の巻に

烏玉《ぬばたま》の黒髪山《くろかみやま》の山草《やますげ》に小雨《こさめ》ふりしき益益《しくしく》思《おも》ほゆ

という歌があるが、この中にある山草《やますげ》はすなわち山菅《やますげ》であろうといわれているが、このヤマスゲも万葉学者は麦門冬のヤマスゲと思っているでしょう。しかしその黒髪山は何処の黒髪山か余りはっきりせぬ様だ。しかし今日の万葉学者はその山は奈良の北方に在る佐保山の一部だといっているが、それはかなり高い山でがなあろう。もしそうであるとするとこんな山の中には麦門冬は生えていないだろうから、ここはやはり普通に山中何処にもあるCarex属のスゲと見た方がずっと実際に即している。何時も麦門冬の古名ヤマスゲの称呼に拘泥して、ヤマスゲとあればこの麦門冬のヤマスゲ以外にはヤマスゲの言葉は一切無いと考えるのは、融通性のない固陋な見解であると私は信ずる。前述の通り麦門冬の生育地は低い岡や山足の地、あるいは平地の樹下の場処に限られていて少し高い山地から奥山、深山には生じていないが、Carex属のスゲ類なれば沢山いろいろの種類があって岡にでも浅い山にでも、また高い山でも、また奥深き深山でも極めて広範囲に亙《わた》って何処でも到る処に生い茂っていて趣のあるものであるから、昔の歌よみが常識的にもこれを見逃すはずはなく、キットこれをも歌に採り入れているに相違ないと私は思う。また俗間で歌よむ人々は何も一々植物学者ではないから、時にある禾本《かほん》類が沢山に山中で繁茂している処を遠望して、これを山スゲなどと既に在る成語を使った例は恐らく幾つもありはせぬかと想像する。

また『万葉集』四の巻の

山菅《やますげ》の実《み》ならぬことを吾《あ》れによせいはれし君《きみ》はたれとかぬらむ

の歌に在る山菅も、万葉学者は麦門冬の事と為していれどもこれもCarexのスゲでよいと思う。スゲは植物学的には無論実が生るけれど、緑色で不顕著で普通の人々には山吹の実と同じように気が付かずスゲには実が無い位に思っているものであるから、スゲは実が無いからと解釈すればその辺すこぶる簡単明瞭である。麦門冬は実の数は寡《すく》ないけれどすこぶる顕著な実が生り、子供等でもよく知っていて女の児はお手玉にして遊ぶのである。ゆえにこの実にはハズミダマだのオフクダマだのオドリコだのオンドノミだのジュウダマ

（リュウダマの転訛だろう）だの、またはインキョノメダマだのの名がある。またこれをヤブランとすれば、これはまた大いに実（黒色）の生るもので、決して実成らぬ如きのサワギではない。

また同書二十の巻に

高山《たかやま》のいはほにおふるすがの根《ね》のねもころごろにふりおく白雪《しらゆき》

という歌があるが、この歌の菅の根も Carex のスゲの根すなわち地下茎である。もしこれを例の麦門冬としたら全く実地とは合致しない。何とならば麦門冬は決して高い山には生えていないからである。しかしスゲ類なれば高い山の巌上でも、また巌かげでも何処にでもある。また同巻に在る

さくはなはうつろふときありあしびきのやますがのねしながくはありけり

の歌の中のヤマスゲ（山菅）も Carex の中の何かのスゲである。スゲなれば随分長い根（地下茎を指す）を引いているものが多い。『万葉集古義《こぎ》』の「品物図」にある様にこれを麦門冬とするのは不都合千万である。またヤブランとするも決して当て嵌《はま》らない。何んと

ならばこれらには長い根（地下茎）は無いから歌の言葉とは一向に合致しないからである。これらの歌で観ても、万葉歌にある山萵を一概に麦門冬一天張りで押し通そうとするとそこここに矛盾があって解釈に無理を生ずる事を、万葉歌評釈者は宜しく留意すべきである。
以上述べ来った事については多分万葉学者からは貴様の様な門外漢が無謀にも我が万葉壇へ喙《くちばし》を容《い》るるとはケシカランことだとお叱りを蒙るのを覚悟のまえで、カクハモノシツ。

万葉歌の山ヂサ新考

『万葉集』巻七に左の歌がある。

気緒爾《いきのをに》念有吾乎《おもへるわれを》山治《やまぢ》左《さ》能《の》花爾《はなに》香《か》君之移奴良《きみがうつろひぬら》武《む》

また、同じ巻十一には次の歌がある。

山萵《やまぢ》苣白露《さのしらつゆ》重《おもみ》浦経《うらぶるる》　心《こころを》　深《ふかみ》　吾恋不止《わがこひやまず》

右二首の歌に在る山治左ならびに山萵苣すなわちヤマヂサという植物につき、まず仙覚《せんがく》律師の『万葉集註釈』すなわちいわゆる『仙覚抄《しょう》』の解釈を見ると

　山チサトハ木也田舎人ツサキトイフコレ也

とある。このツサキはズサノキかあるいはチサノキかならんと思う。もしそれがズサノキであればこれはエゴノキ科のチサノキ（すなわちエゴノキ）を指し、もしそれがチサノキなれば同じくエゴノキのチサノキかあるいはムラサキ科のチサノキかを指しているならん。しかしクスノキ科のアブラチャンにもズサならびにヂシャの名があるから考え様によってはこの植物ではなかろうかとも想像の出来ん事はない。

釈契沖《しやくけいちゆう》の『万葉代匠記《だいしょうき》』には

　山チサは今もちさのきと云物なり。和名集〔牧野いう、集は抄〕云、本草云、売子木和名賀波知佐乃木 此も此木の事にや

と解し、また

山萵苣は木なるを此処に置は萵苣の名に依てか、例せば和名集〔牧野いう、集は抄〕に蕣を蓮類に入れたるが如し

とも述べている。

橘千蔭《たちばなちかげ》の『万葉集略解《りゃくげ》』には

山ちさといふは木にて其葉彼ちさに似たれば山ちさといふならむ、此木花は梨の如《ごと》くて秋咲りとぞ豊後の人の言へる是なり、又和名抄本草云、売子木賀波知佐乃木字鏡《じきょう》売子木河知左と有りこれも相似たるものなるべし

と解釈している。

『万葉集目安補正』には

山治左《ヂサ》　売子木《バイシ》といへど花の色違へり斉墩《セイトン》と云物当れりといへり

と記してある。この時代では斉墩をチサノキすなわちエゴノキであると信じていたからこの書の斉墩はエゴノキを指したものである。

また売子木を『倭名類聚鈔』すなわち所謂『和名抄』に和名賀波知佐乃木（カワヂサノキ）とあるので、これを山ヂサではないかと契沖も千蔭も書いていれど、これは無論同物ではない。上に引ける『万葉集目安補正』では売子木は山ヂサとは花色が違っていると書いて山ヂサは売子木ではないとしているのは正しいのである。元来売子木とはアカネ科に属するサンダンカ（学名 Ixora chinensis *Lam.*）の事で一名山丹とも称し、サンダンカはこの山丹に基きそれに花を加えてそう呼んだものである。赤色の美花を攅簇して開く（故に紅繡毬あるいは珊瑚毬の名もある）熱国の常緑灌木で我が内地には固《もと》より産しない。この売子木を『新撰字鏡《しんせんじきょう》』で河知左（カワヂサ）とし『和名抄』で賀波知佐乃木（カワヂサノキ）としたのは無論サンダンカをいったものではなく何か別の邦産植物を充《あ》ててかく称えたものだろうが、それが果して何を指したものだかその的物は今日一向に捕捉が出来ない。また現代ではカワヂサもしくはカワヂサノキと称える何んの木をも見出し得ない。

次に鹿《か》持雅澄《もちまさずみ》の『万葉集古義』には

山治《ヤマヂ》左《サ》は契沖、常も〔牧野いう、活版本にかくあるが、これは「今も」なり〕ちさの木と云ものなり、十一にも山ぢさの白露おもみとよみ、十八長歌にもちさの花さけるさかりになどよめり、和名抄に本草ニ云、売子木、和名賀波知佐乃木とあるものたゞ知佐《ヂサ》の木のことにやと云り、なほ品物解に委ク云り

と記しまた、なお

山萵苣は契沖、常に〔牧野いう、ここも「今も」でなければならない〕ちさのきといひならへるもの是なりといへり

とも記している。そして前記の「品物解」すなわち『万葉集品物解』には山治左と山萵苣とを

未ダ詳《つまびらか》ならず仙覚抄ニ云山ちさとは木也田舎人は、つさの木といふこれなりといへり、いかゞあらむ、但し此は松《マツ》に山松《ヤママツ》、桜《サクラ》に山桜《ヤマザクラ》などいふ如く山に生たるつねの知左〔牧野いう、知左の解に拠ればムラサキ科のチサノキを指している。しかし品物図のチサの図は曖昧至極である〕を云か又一種かく云があるか云々

と述べていて、雅澄の山ヂサに対する知識の程度は「未だ詳ならず」であった。

サテ上に列記した万葉諸学者の文句で観ると、大体万葉歌の山ヂサはチサノキという樹木の名であると解している。しかしチサノキすなわちチシャノキには三種あって、単にチ

サノキでは実はその中の何《いず》れを指しているのかそこにその樹の解説が無い限りは、果してそれが何れであるのか明瞭では無いという事になる。

右のチサノキの三種というのは、一はエゴノキ科のチサノキ（一名チシャノキ、ズサ、ヂサ、コヤスノキ、ロクロギ、チョウメン、サボン、学名はStyrax japonica *Sieb. et Zucc.*）であり、二はムラサキ科のチザノキ（チシャノキ、トウビワ、カキノキダマシ、学名はEhretia thyrsiflor *Nakai*）であり、三はクスノキ科のヂシャ（一名ズサ、アブラチャン、コヤスノキ、フキダマノキ、ムラダチ、学名はLindera praecox *Blume*）である。つまり万葉歌の山ヂサをしてこの三樹木の何れかに帰着せしめ様とせんとて、昔から現代に至る万葉学者をヤキモキさせているのである。

私の考えでは、もしも仮りに万葉歌の山ヂサを上の三種の何れかに当てはめて見るとしたならば、それはエゴノキ科のチサノキすなわちエゴノキであらねばならないであろう。何んとならばこの樹は諸州に最も普通に見られ、かつその花は白色で無数に枝から葉下に下垂して咲きその姿は頗《すこぶ》る趣きがあって諸人の眼に着き易いからである。そしてムラサキ科のチサノキと、クスノキ科のヂシャとは何等万葉歌とは関係の無いものだと私は信ずる。何ぜならばこの二品はその花状が万葉歌とはシックリ合わないからである。このムラサキ科のチサノキは何等風情の掬《きく》すべき樹ではなく、樹は喬木で高く、葉は粗大で硬く、砕白花が高く枝梢に集って咲き観るに足る程のものではない。そしてこの樹は暖国でなくては生じていなく、内地では稀れに植えたものを除くの外は僅かに四国の南部と九州とに野生があるのみで、そう普通に見られる樹ではない。こんな無風流な姿で、かつ九州四国を除いた外は滅多に見られない樹が数首の歌に読み込まれる訳はあるまい。またクスノキ科のヂシャすなわちアブラチャンは山地に生ずる落葉灌木で砕小な黄花が春、葉のまだ出ない前に枝上に集り咲くのだが、茶人の好む花位なもので一向人の心を惹く様なものではない。『万葉集目安補正』ならびに『万葉集古義』以前の万葉学者は万葉歌の山ヂサにチサノキを充てていれど、それが何のチサノキだか判然しない憾みがあるが、しかし同書以後の万葉学者はこれにあるいはムラサキ科のチサノキを充てている学者もあれば、またエゴノキ科のチサノキ（エゴノキ）を当てている学者もある。中には勇敢にもその図まで入れそれを鼓吹している近代の書物もあって中々努めたりというべしである。が、しかし右二種のチサノキにヤマヂサという名は無い。

古往今来万葉学者が唱うる様に、万葉歌の山ヂサをあるいはエゴノキ科のチサノキ（すなわちエゴノキ）、あるいはムラサキ科のチサノキとして観た時、またあるいは畔田《くろだ》翠山《すいざん》の『古名録』に在る様に知佐木《チサノキ》（『延喜式《えんぎしき》』）、知佐（『万葉集』）、加波知佐乃岐（『本草和名《ほんぞうわみょう》』）、賀波知佐乃木（『倭名類聚鈔』）、賀波知佐乃木（天文写本『和名抄』）、加和知佐乃支（『本草類編』）、奈佐乃支（同上）、河知左（『新撰字鏡』）、山萵苣（『万葉集』）、つさのき（仙覚『万葉集註釈』）、山治左（『万葉集』）を一切斉墩樹のチサノキ（今名）、すなわちエゴノキ限《ぎ》りの一種とした時、果してそれが上の二首の万葉歌とピッタリ合ってあえて不都合な事は無いかというと、私は今これをノーと返答する事に躊躇しない。以下そのしかる所以《ゆえん》を説明する。

上に掲げた第一の歌には「山ぢさの花にか君が移ろひぬらむ」とある。今これをエゴノキ科のチサノキ（エゴノキ）あるいはムラサキ科のチサノキの花だとすると、元来これらの樹の花は純白色であるので、「移ろひぬらむ」が一向に利かない。もしこれらの花色が紫か藍でもであったら、それは移ろう色、すなわち変り易い色、褪《さ》め易い色であるから「移ろひ」がよく利く。白色には「移ろふ」色は無く、咲き初めから散り果つるまで白色で何時までたっても白花である。ゆえにこの歌の山ヂサは決して白花の発《ひ》らくエゴノキ科のチサノキでもなければ、またムラサキ科のチサノキでも無いという結論に達する。

それから上の第二の歌には「白露重み」とある。それはチサノキすなわちエゴノキの下垂している花に露が宿れば無論重たげになるのは必定ではあれど、仮令《たと》いこの樹の花が露に湿うていても、これを望んで見るに一向に露を帯びている様な感じのせぬ花である。全くこれはサラサラとした花で、かつ始めから吊垂《ちょうすい》して咲いているから、仮りに露を帯びたとしても、それがために重た気に見ゆる事はない。ゆえにこの花は露を帯びていてもまた帯びていなくても一向そこに見さかいのない花である。歌には「白露重み」とあるから、もっと露を帯びたら帯びたらしい姿を呈《あら》わし、これを見る人にもそれがはっきりと判かる様でなければならない理窟ではないか。ゆえにエゴノキのチサノキを同じくこの歌に充てるのは私は不賛成であり、殊にムラサキ科のチサノキに至っては全く顧るに足らない論外者である。ウソと思えばその樹を実際に観て見るがよい。必ず成る程と感ずるのであろう。

上の二つの歌の山ヂサがエゴノキ科のチサノキ、またはムラサキ科のチサノキその品であるという旧来の説、それが今日でも万葉学者に信ぜられているその説を否定するとせば、しからばその歌の山ヂサとは果して何《ど》んな植物であって宜《よろ》しかろうか。

イワヂシャ　一名イワタバコ

熟《つらつ》ら攷《かんがう》るに、私はその山ヂサは樹ではなく草であって、それはイワタバコ科のイワタバコ（岩烟草）一名イワヂシャ（岩萵苣）一名タキヂシャ（崖萵苣）一名イワナ（岩菜）、そして我邦従来の学者が支那の書物の『典籍便覧《てんせきびんらん》』に在る苦苣苔に充てし（実は中《あた》っていないけれど）この品、すなわちConandron ramondioides *Sieb. et Zucc.* でなければならぬと鑑定する。しかし今私の知っている限りでは、まだこれにヤマヂサの方言のあるのを見ないけれど、これはこの植物に対して必ずあり得べき名であるから、試みに諸国の方言を調査して見たなら多分どこかでこれを見出す事がありはせぬかと期待している。

この植物は山地の湿った岩壁、あるいは渓流の傍の岩側面、あるいは林下の湿った岩の側面等に生じているもので、国によりこれを岩ヂシャもしくは岩崖《タキ》ヂシャと称うる所を以て推《お》せば、前にもいった様にあるいはこれを山ヂシャ（山ヂサ）と呼んでいる処がありそうに思える。山路を行く時その路傍の岩側に咲いている美麗な紫花に逢着し、行人の眼をしてこれに向けしむるのはよくある事である。これをイワタバコというのは岩に生えてその葉が烟草葉に似ているから、そう名《なつ》けられたものである。

そこでこの植物、すなわちイワヂシャ一名タキヂシャのイワタバコなる草を捉え来って上の二つの万葉歌と比べて見る。

第一の歌の中の「山ぢさの花にか君が移ろひぬらむ」は、右のイワヂシャなれば何の問題もなくよくその歌の詞と合致するのを見るのである。このイワヂシャの花はその色が紫でいわゆる移ろう色であるから、君の心の変る事を言い現わすには相応《ふさわ》しい植物である。

次に第二の歌の「白露重み」もこのイワヂシャなれば最もよい。イワヂシャは通常蔭になって湿っている岩壁に着生しその葉（大なるものは長さ一尺に余り幅も五、六寸に達する）は皆下に垂れて重たげに見え、質厚く極めて柔軟で稍脆《ややもろ》く、かつ往々闊大でノッペリとしているので、これを見る者は誰れでも直ちに萵苣《チシャ》（チサ）の葉を想起せずには措《お》かない葉状を呈わしている。陰湿な場処に在るのでその葉に露も置き易く、またその葉はボットリと下に垂れているから露に潤えば一層重たげに見え、かつ花も点頭して下向きに咲いているのでこれまた露を帯ぶれば同じく重たげに見ゆるので「白露重み」の歌詞が充分よくその実際を発揮せしめている。また歌中に山萵苣の字が用いてあるのも決して偶然ではなく、そしてここにその字を特に使用した理由もよく呑み込めるのである。

このイワヂシャすなわちイワタバコは、あえて普通の草であるとは言わんが、しかし決して稀品ではなく、往々山地ではこれに邂逅《かいこう》するのである。山家《やまが》では家近かにこれを見る事が普通である処が往々あって、特に紫色の美花を開くので人をしてこれを認め易からしめまた覚え易からしむるのである。試みに山里《やまざと》の人に聴けば、ンー、その草なら内の家の裏の岩に幾らも着いていらーと言う処もあろう。すなわちこんな草なのであるから自然に歌を詠む人にその名物の材料となっても何にも別に不思議はないはずだ。

右の様な訳なのであるから、私は上の万葉歌の山治左（ヤマヂサ）もまた山萵苣（ヤマヂサ）も共にいわゆるイワタバコのイワヂシャその物である事を確信するのであるが、これは従来万葉歌人のなお未だ説破しない所であった。

しかるに私は今この稿を草する際、かの曾槃《そうはん》の著である『国史草木昆虫攷』の書物がある事を思い出し、早速これを書架より抽き出して繙閲《はんえつ》して見たところ、料《はか》らずもその巻の八に左の記事のあるのを見出した。すなわち参考のため今ここにその全文を転載して見よう。

やまぢさ　万葉巻十一に、「山萵菜のしら露重く浦経る心を深くわが恋やまず」巻七に、山治佐の花にか君がうつろひぬらん、巻十八に、よの人のたつることだて知左の花、六帖に「我が如く人めまれらにおもふらし白雲ふかき山ぢさの花」或はいふ今山野の俗にチシヤノキといふものこれ成るべし、槃按《あんずる》に、集中に木によみたるはしるしなし、ましてチサノキの花は色白きものなればうつろひぬといへる詞によしなし、萵苣の字を借用ひたれば蓋《けだ》しは草なるべし、さて武蔵国相模国山中にイハチサ一名イハナとて葉はげにも菜蔬のチサの葉に似て石転《イワワ》の苔むしたる所におふものあり、その葉は春のすゑにもえいで夏のきて一二茎をぬき桔梗の花に似たる小なるが七ふさ八ふさつどひて咲く也その色はむらさきなり、箱根山かまくら山などにいとおほし、このヤマヂサは応《まさ》にこれにやあらんか、順抄に本草を引て売子木を賀波治佐乃木と注したり、これ山萵苣にむかへたる名なるべし

右の書物は今から百二十一年前の文政四年〔一八二一〕に出来たものであるから、この時代に既に曾槃は『万葉集』のヤマヂサはあるいはイワヂサ（すなわちイワタバコ）ではなかろうかと思っていたのであった。しかし私は全くこれを知らなかったが、今これを知って見ると曾槃は百年以上も昔に既に疾《と》くこれに気附いていたのであった。そして今日私

の観る所と全く符節を合しているのは、この説をしてますます真ならしむる上に大いに貢献する所があるといってよかろう。

前文中にエゴノキについて述べた事はあるが、なおこの樹に関してのイキサツを次に少々書いて読者の一粲に供して見よう。

エゴノキには既に上に書いた通り種々な一名があるが、その中にチシャノキというのがある。しかしそれにヤマヂサという名はない。これは山に生えているチサノキだと言えば通ぜんでもないが、チサノキは何も山ばかりに生えているのではなく随分と平地にもあるから、殊更《ことさら》これに山の字を加えて山ヂサと呼ぶ必要もないほどのものである。

従来我邦の学者は、このエゴノキを支那の斉墩果に充てて疑わない。小野蘭山の『本草綱目啓蒙』を始めとして皆そう書いているが、これはトンデモナイ間違いで、斉墩果は決してエゴノキではない。しからばそれは何んの樹であるかというと、これはかのオリーブ（Olive 即ち *Olea europaea L.*）の事である。

この斉墩果はすなわち斉墩樹の事で、それが始めて唐の段成式《だんせいしき》の『酉陽雑俎《ゆうようざっそ》』という書物に出て居り、その書には

斉墩樹ハ波斯及ビ払林国〔牧野いう、小亜細亜のシリア〕ニ生ズ、高サ二三丈、皮ハ青白、花ハ柚ニ似テ極メテ芳香、子ハ楊桃ニ似テ五六月ニ熟シ、西域ノ人圧シテ油ト為シ以テ

餅果ヲ煎ズルコト中国ノ巨勝〔牧野いう、胡麻の事〕ヲ用ウルガ如キナリ〔漢文〕

と記してある。しかしこの書の記事は遠い他国の樹を伝聞して書いたものであるから、文中にはマズイ点がないでもない。

日本の学者がまずこれを取り上げてその斉墩樹を濫《みだ》りに我がエゴノキだと考定したのはかの小野蘭山で、すなわち彼れの著『本草綱目啓蒙』にそう書いてある。何を言え偉くて諸《もろ》もろの学者が宗と崇むる蘭山大先生がこれをエゴノキと書いたもんだから、学者仲間に何んの異存があろうはずなく忽《たちま》ちソレジャソレジャとなってその誤りが現代にまで伝わり、今日でもほとんど百人が九十七、八人位まではその妄執に取りつかれてあえて醒覚する事を知らない有様である。

それならオリーブをどうして斉墩樹というかと言うと、この斉墩樹は元来が音訳字であって、それは波斯《ペルシャ》国でのオリーブの土言ゼイツン（Zeitun）に基いたものに外ならないのである。すなわち斉墩樹はオリーブの音訳漢名なのである。そしてこの事実は我邦では比較的近代に明瞭になったもので、徳川時代ならびに明治時代の学者にはそれは夢想だも出来なかったものである。

芝居の千代萩の千松の唄った歌の中にチサノキがあるが、これはエゴノキ科のチサノキであろう。ムラサキ科のチサノキは関東地には無いから無論この品に非《あら》ざる事は直《すぐ》に推想が出来るが、しかし時とするとそれを間違えている人もある。

万葉集巻一の草木解釈

アズサ

八隅知之《やすみしし》……御執乃《みとらしの》……梓《あづさ》弓之《のゆみの》……

アズサは我が日本の特産で支那にはない。ゆえに旧《ふる》くからこれに充《あ》て用いている梓の字はこのアズサから取り除かねばならぬのである。つまりアズサは梓ではないのである。アズサを梓とする事は全く昔から以来、これまでの学者の思い違いでいわゆる認識不足の致す所である。

アズサ　一名ミズメ　一名ヨグソミネバリ

しからば梓とはどんな樹かと言うとこれは独り支那のみに産する落葉喬木でかのキササゲ(楸)と同属近縁の一種である。白色合弁の脣形花が穂をなして開き後《の》ち丁度キササゲの様な長い莢《さや》の実を結ぶのである。私は曾《かつ》て東京春陽堂で発行になった『本草《ほんぞう》』という雑誌の創刊号にその図説を出し、そしてトウキササゲの新和名を付けて置いたが、しかしまだその生本は日本へ来た事がない。この梓は支那では木王といって百木の長と貴び、梓より良い木は他にはないと称えている。それゆえ書物を板木に鐫《え》るを上梓といい、書物を発行するを梓行と書くのである。

アズサの称呼はすこぶる旧いが、しかしそれはまだ今日でも死語とは成っていない。そして地方の方言としてある山中に遺っているのである。この方言を使《たよ》ってここにアズサの実物が明かにせられたが、それは故白井光太郎博士の功績に帰せねばなるまい。

昔アズサを弓に製して信州などの山国からこれを朝廷に貢《みつ》ぎした。すなわちこれがいわゆるアズサユミである。今日植物界では一般にこの樹をミズメともヨグソミネバリとも呼んでいる。山中に這入ればこれを見る事が出来るが、これはシラカンバ属の一種で大なる落葉喬木を成している。試みにその小枝を折りて嗅げば一種の臭気を感ずるから直《す》ぐに見分けがつく。その材は今一例を挙げて見ればかの安芸の宮島で売っている杓子や盆などもこれで作られる。

葉は枝に互生し長楕状卵形で短柄を具《そな》え鋸歯があり多くの支脈が斜めに平行している。

嫩《わか》い時は白い絹毛がある。また稚樹のものは小形で毛があり卵形で老葉とはややその観を異にし、新枝のものには葉柄の本に小さい托葉がある。老葉は去年に出た短枝に各二葉ずつ着くこと同属の他種と同様である。果穂は長楕円形で小枝の葉間に出で多数の三岐鱗片が鱗次し小さい翅果を擁している。

従来小野蘭山を始めとして日本の諸学者は梓をアカメガシワ（タカトウダイ科の落葉樹でまたゴサイバの名がある。またカワラガシワともいう）であると唱え更にこのアカメガシワをアズサだと為しまた学者によってはキササゲをアズサと為しているのはその妄断実に笑うべしであるが、更に驚くのはかの有名な『大言海』にアズサをキササゲあるいはアカメガシワと為して依然として旧説を掲げ、既に疾《と》く明かに成っているアズサの本物に一向触れていない事である。

ミクサ

金理乃《あきのぬの》　美草刈葺《みくさかりふき》　屋杼礼里之《やどれりし》　兎道乃宮子能《うぢのみやこの》　借五百磯所念《かりいほしおもほゆ》

ミクサは美草でススキを賞めて称えたものである。人によりてはミクサは秋の百草だといっている。またオバナをそう訓《よ》むべしと唱えているが、尾花のみでは屋根を葺くに足らぬゆえこの説は不満足に感ずる。

カヤ

吾勢《わがせ》子《こ》波《は》　借廬《かりほ》作良《つくら》須《す》　草無者《かやなくば》　小松下乃《こまつがもとの》　草乎《かやを》苅核《からさね》

カヤは今普通にいうススキである。つまりススキとカヤとは同物でカヤの名は極めて旧く古代からそういわれている。今日でも国によるとその生本を普通にカヤと呼び子供がよくカヤで手を切るなどと称えている。これは単に屋根を葺く場合に限られた称呼ではない。時とするとカヤとススキとは別だという人があるがそれは実際に即せぬ説である。

カヤすなわちススキの漢名は芒である。俗にカヤに萱の字を用うるのは固《もと》より誤りでまた菅と書くのも宜しくない。

薄の字をススキの名とするのは最も非であるが、世人一般これを悟らずまた書物にもそれがススキの名であるように書いてあるのは不純至極である。薄は元来形容詞でセマルと訓みススキが叢《くさむら》を成して密に茂っているのを形容して古人がこの薄の字を用いたもので、薄の字は本来ススキとは何の関係もないものである。

カヤすなわちススキは支那と日本との原産宿根草である。禾本科の立派な立てもので秋をシンボライズして居り、これなくば秋の景色は平凡化するといっても誣言《ふげん》ではあるまい。ススキの花穂の立ち出たものを歌では尾花《オバナ》と称する。

ススキには種々の変り品がある。葉の極めて狭いものにイトススキがあり、斑のあるものにシマススキ、タカノハススキがある。歌に在る十寸穂《マスホ》ノススキは花穂の長大なものをいい、マスウノススキは真蘇枋《マスオウ》ノススキが略せられ穂の色の赤いのを呼んだものである。すなわち今日いうムラサキススキでよく山地に生じている。在原《アリワラ》ススキというものはススキとは別のススキで、これをトキワススキともカンススキとも称える。早くも七月に長い花穂が出でその葉は長く広く冬もなお枯れずに残っている。多くは風除けとして畑の囲りに栽《う》えてあるもので関西地方に多く関東地ではほとんど見られないが、ただ房州の南端地に僅かにこれが生じているのである。

コマツ

吾勢子波《わがせこは》　借廬作良須《かりほつくらす》　草無者《かやなくば》　小松下乃《こまつがもとの》　草乎苅核《かやをからさね》

コマツは小松で余り太くない小柄な松をいうのである。

ヌハリ

綜麻形乃《へそがたの》　林始乃《はやしのさきの》　狭野榛能《さぬはりの》　衣爾著成《きぬにつくなす》　目爾都久和我勢《めにつくわがせ》

ヌハリは野榛で野に生えているハリすなわちハンノキをいったものだ。ハリについては下に精《くわ》しく述べてある。

アカネ

茜草指《あかねさす》　武良前野逝《むらさきぬゆき》　標野行《しめぬゆき》　野守者不見哉《ぬもりはみずや》　君之袖布流《きみがそでふる》

アカネは我邦の何処にも見らるるアカネ科の宿根植物で山野に出ずれば直《す》ぐ見付かる蔓草である。その茎葉に、逆向せる鉤刺があってよく衣などに引っかかるから一度覚えると最早や忘れぬ草である。盛んに他の草木の上に繁衍し、茎は四稜で鉤刺はその稜に生じている。長い葉柄を有《も》った卵形あるいは卵状心臓形の葉は四枚ずつ茎に輪生しているが、実言うとその中の二枚は元来は托葉でそれが対立している葉と同形と成っているのでこれがこの類の特徴である。秋になると梢に反覆分枝し五裂花冠と五雄蕊とを有する淡黄色の小花を沢山に開いている。花が終《す》んだ後には双頭状を成した小さい黒実が出来、秋が深《ふ》けるとその苗が枯れる。

根は太い鬚状で黄赤色を呈しこれから染料を採りいわゆる茜染をする。茜で染めたものは黄赤色で丁度紅絹《もみ》の褪せた様な色である。往時は普通に染めたものだが今代では極めて稀れにこれを見るにすぎない。私は先年秋田県の花輪町でそれを染めさせた事があった。

普通に茜染めのあった時代に贋《に》せの茜染めがあった。それは蘇枋《スオウ》で染めたもので本当の茜染めよりはその色が赤かったのである。

アカネの根から前述の様に染料が採れ、その色が赤いから「あかねさす」と言う枕言葉も生じた訳で、それは赤い事を意味する。

茜草はアカネの草の漢名で字音はセンソウであってセイソウではない。支那の旧い書物の『説文《せつもん》』にはこの草は人の血が化したものだといっているのは面白い。同国でもこの草の根を用いて絳色を染める。

和名のアカネは赤根の意味で前に言った様にその根が赤いからである。支那ではこれを茜根と書いている。アカネは国によりアカネカズラともベニカズラとも呼ばる。

ムラサキ

紫草能《むらさきの》　爾保敝類《にほへる》妹乎《いもを》　爾苦久《にくく》有者《あらば》　人嬬故爾《ひとづまゆゑに》　吾恋目八方《われこひめやも》

ムラサキは漢名の紫草でムラサキ科の宿根草である。山地向陽の草間に生じて一株に一条ないし三条許《ばかり》の茎が出て直立し斜めに縦脈のある狭長葉を互生し茎と共に手ざわり糙《あ》らき毛を生ずる。七、八月の候茎梢分枝し枝上の苞葉腋毎に五裂花冠の小白花を下から順次に開き開謝相次ぎ久しきに亙《わた》って終る。枝末の嫩《わか》き部は多少外方に巻曲してムラサキ科植物の常套特徴を呈《あら》わしている。ムラサキの名に相応《ふさわ》しい美花を開くと思いきや、それは全く意外で誠に平凡な小花を出すに過ぎない。しかし万緑叢中に点々としてその純白花の咲いている風情はまた多少捨て難い所がないでもなく、これがムラサキの花だと思うと何となく貴く感じ思わずこれを見つむる心にもなる。花がすむと堅き粒状の小実を宿存萼の中心に結び平滑で遂に真珠色を呈するに至るが、採ってこれを蒔《ま》けばよく生える。

この草の根が紫根でいわゆる紫根染めの原料である。その根は地中に直下する瘦せた牛蒡根で単一あるいは分岐し生時はその根皮が暗紅紫色を呈している。昔は江戸紫などと称え一般に紫はこの紫根で染めたものだが、今日では美麗な新染料に圧倒せられてこのユカリの色の紫を紫根で染める事は実に稀れになってしまった。それでも染める紺屋が偶《たま》には無いでもないので、私は以前これを秋田県の花輪町で染めさせた事があった。それを娘の衣服に仕立てて見たが、現代の紫に比ぶればその色が冴えないので余程目の利いたクロウトに出会わない限り着損をするようだ。しかし中々奥ゆかしい色である事は受け合うておく。

「紫の一もとゆゑに武蔵野の草はみながらあはれとぞ見る」とあって、このムラサキは武蔵野の景物の大立物ではあるが、星移り物換った今日では武蔵野には滅多にこれが見付からない。絶対に無いではないが、昔のようにそこここに見付からない。

ソ

打麻乎《うつそを》　麻績王《をみのおほきみ》　白水郎有哉《あまなれや》　射等籠荷四間乃《いらごがしまの》　玉藻苅麻須《たまもかります》

ソはオと同じでアサの皮の繊維をいうのである。そしてその青色を帯ぶるものをアオソと称する。オはアサの草の名としても用いられ、またその皮の繊維の名としても用いられる。畢竟《ひつきよう》繊維に用いられる時はソの一名となる訳である。

アサは漢名は大麻と称する。上古より旧く我邦に作られている重要植物の一でクワ科に属する一年草である。春時畑に下種して作る。茎は高く成長し鈍四稜で緑色を呈し梢に分枝する。葉は葉柄があって茎に対生すれども梢に在っては互生する。掌状全裂葉で五ないし十一裂片相排《あいなら》び狭長で尖鋸歯がある。茎葉より一種不快の臭を放つゆえにその畑に近づくと嫌やなにおいに襲われる。雄本（オアサという）雌本（メアサあるいはミアサという）があって共に梢に花が咲く。花は小形で何らその色の美はない。雄本は梢の枝上に花穂を成し黄緑色五蕚片の小花は下に向いて開き五雄蕊が下がって黄色の花粉を風の吹くままに飛散する。いわゆる風媒花である。雌本には小なる雌花が枝上の葉間に位して一子房を有し、花後に実が出来る。いわゆるオノミである。

秋に成ればアサを刈り皮を剥ぎその繊維を採る。これすなわちソあるいはオである。その皮を剥ぎ去った白い裸の茎をアサガラあるいはオガラといい、朝鮮ではこれを麻骨と称すと書物に在る。

タマモ

打麻《うつそ》乎《を》　麻《を》績王《みのおほきみ》　白水郎有哉《あまなれや》　射等籠荷四間乃《いらごがしまの》　珠藻《たまも》苅麻須《かります》
空蟬之《うつせみの》　命乎惜美《いのちををしみ》　浪爾所湿《なみにひで》　伊良虞能島之《いらごのしまの》　玉藻《たまも》苅食《かりはむ》
玉藻《たまも》苅《かる》　奥敝《おきへ》波《は》不榜《こがじ》　敷妙之《しきたへの》　枕之辺《まくらのほとり》　忘可禰津藻《わすれかねつも》

タマモは玉藻あるいは珠藻でここは海藻を指し玉もしくは珠は藻の美称として付けたものである。橘 千蔭《たちばなのちかげ》は「玉藻は藻の子は白く玉の如くなれば言へり」と言っているが、そうなると、玉のある海藻はまず差当り彼の玉の様な浮嚢を有するホダワラ（ホンダワラ）の一属諸種を指して言ったものと見ねばならぬ。しかしホダワラ一類はあえて人の食用とするものでないから、ここの玉と珠とは前述の通り藻を美称するに付けたものだとする方が穏当である。

ツガ

玉手次《たまたすき》　畝火之山乃《うねびのやまの》　樛木乃《つがのきの》　弥継嗣爾《いやつぎつぎに》……

ツガはまたトガともいい、俗に栂の字が使ってあるがまた旧くは樛木とも書いてある。しかしこれらは固《もと》よりツガの漢名ではない。

マツ科の常緑喬木で巨幹を有し高聳する。我邦中部以西の山中に生じ小枝繁《しげ》く葉は小さき線形で長短不同の葉が二列を成して小枝上に排列している。枝端に生ずる毬果は長楕円形で下向し重なった鱗片がこれを擁しその鱗内に種子がある。材は建築用または器具用などにする。

ツガの姉妹品にコメツガがあって同じく大木となる。葉はツガより小さく毬果は少し円い。我邦中部以北の山地に生じているが、このコメツガは蓋《けだ》し古歌とは余り関係がないものであろう。

ハママツ

白波乃《しらなみの》　浜松之枝乃《はままつがえの》　手向草《たむけぐさ》　幾世左右二賀《いくよまでにか》　年乃経去良武《としのへぬらむ》

ハママツは浜松で浜に生えている松である。そしてその種類はクロマツでなければならぬ。

マキ

八隅知之《やすみしし》　吾大王《わがおほきみ》……　真木立《まきたつ》　荒山道乎《あらやまみちを》　石根《いはがね》……

マキはまたマケともいわれる。マキは真木であるがこれに両説があって一はスギとし一はヒノキとする。貝原益軒《かいばらえきけん》はスギは古名がマキでマキノトというのは杉戸の事であるといっている。またヒノキは諸木の上乗なものであるからこれを賞讃して真木というのだとの説もある。しかし歌は何《いず》れの木へでも通ずる。

右は古名のマキであるが今名のマキと言うのは全く別の木であるからこれを混合してはならない。すなわち今日いうマキはクサマキを略したもので、これは一にイヌマキとも称する。山中に自生し葉は狭長で三、四寸の長さがある。この一種にラカンマキというものがあってよく海に近い地の人家の生籬とし、また寺院などの庭樹になっている。この品は支那にも日本の南部にも野生がある、すなわち漢名の羅漢松である。従来この羅漢松をイヌマキの漢名だとしてあったがそれは誤りで、これはラカンマキの支那名である。この樹の葉はイヌマキのそれよりは小形でもっと枝に密生している。

マクサ

真草苅《まくさかる》　荒野《あらぬ》二者《には》雖有《あれど》　黄葉《もみぢばの》　過去君之《すぎにしきみが》　形見跡曾来師《かたみとぞこし》

マクサは真草でススキの美称であるが、しかし実際はこれを刈る時仮令《たとい》ススキが主体になっていてもそれに交りていろいろの草も一緒に刈り込まれるであろう。

ヒ

八隅知之《やすみしし》　吾大王《わがおほきみ》……　田上山之《たなかみやまの》　真木佐苦《まきさく》　檜乃嬬手乎《ひのつまでを》……

ヒはヒノキで従来から通常檜の字が充《あ》ててあるがこれは中《あた》っていなく、檜はイブキビャクシン（略してイブキという）の漢名である。そしてヒノキには扁柏の漢名が慣用せられていれどこれもまた適中していないと思う。ヒノキは支那に無い樹だから従て支那名があるはずがない。

ヒノキは火の木の義で、この材を他の木と摩り合わすと自然に発火するのでこの名がある。日本の古代人は多分このヒノキで火を出したであろう。

伊勢の大神宮では今日でもヤマビワの木で錐の様にヒノキをもんで発火させ、これを御神火として神前へ供する儀式がある。

ヒノキは山中に生ずる常緑の喬木で、多く枝を分ち葉は小形で小枝の両側に連着し、緑色で下面に微《すこ》しく白色を有する事がある。春時枝上に長楕円形黄褐色の細花穂を群着し、多量の黄色花粉を散出する。毬果は球形で直径三分許《ばか》りこれまた枝上に群生し、秋になって熟すれば褐色と成り、堅い数鱗片を開いて褐色種子を散ずる。材は良好で建築に賞用せられ質密で色白く木の香が高い。

ツラツラツバキ

巨勢《こせ》山乃《やまの》　列列椿《つらつらつばき》　都良都良爾《つらつらに》　見乍思奈《みつつしぬばな》　許湍乃《こせの》春野乎《はるぬを》

ツバキの木が沢山連なり続いて茂り、花も咲き満ちているのをいったものである。ツバキは下文に詳説がある。

ハリ

引馬野爾《ひくまぬに》　仁保布《にほふ》　榛原《はりはら》　入乱《いりみだり》　衣爾保波勢《ころもにほはせ》　多鼻能知師爾《たびのしるしに》

ハリはハリノキで今日では普通にハンノキと呼んでいる。従来これに赤楊の漢名が充ててあれどこれは誤りであると思う。また日本で榛の字を用いていれどこれは漢名ではなく全く俗字である。そして榛字音はシンで元来はハシバミの漢名である。ゆえに漢名としてこの字を正当に用うるとしたら榛はハリすなわちハンノキとは何の交渉も持っていない。またなお俗字として榿だの榰だのの字が使われている。

ハリすなわちハンノキはカバノキ科の落葉樹で、山間の湿りたる地を好んで生じ処々に林を成している。東京附近ではよくこれを田の畦に植え、秋になって刈り稲を掛けるに便している。材は種々の用途がある。葉は葉柄を有して枝上に互生し、広披針形で尖り鋸歯がある。早春新葉に先だちて枝梢に雌雄花を着ける。雄花はいわゆる葇荑《じゅうてい》花穂を成し褐緑色で下垂し細花集り着き黄色花粉を糝出《さんしゅつ》する。雌花穂は小形で分枝せる梗端に着き暗赤色を呈している。それが後に楕円形、あるいは円形の果穂と成り秋になると多くの堅い鱗片が開いて中の種子が散落する。この熟した果穂を採り集め茶色を染める染料に使用する。

ハリは人によりハギすなわち萩（この場合これは和字である。支那の萩と字面は同じけれど全く別である）であるという説がある。これも一説で強《あなが》ち排斥すべきものではないと思う。数首の歌の中にて却《かえっ》てハギである方がよい様にも思われる。昔はハギの花も衣に摺りてその花色を移した事もあったであろう。またあり得べき事だとも考えられる。兎《と》に角《かく》万葉研究者には研究の余地を残した好問題であるといえる。

アシ

葦那《あしへ》行《ゆく》　鴨之羽我比爾《かものはがひに》　霜零而《しもふりて》　寒暮者《さむきゆふべは》　倭之所念《やまとしおもほゆ》

アシはまたヨシともいわるるがこれはアシを悪《あ》しいとて縁起を祝いヨシすなわち善しとしたもので本来の名は正《まさ》しくアシである。ゆえに豊葦原はトヨアシハラといってトヨヨシハラとはいわない。しかるに今日ではアシの茂っている処をヨシハラと呼んでアシハラといわぬのは、トヨアシハラと全く反対になっていて面白い。

アシは漢名を蘆と書く。また葦と書いても宜しく、また葭と書いても差支えはない。この三つは何れもアシの事ではあるが、しかし支那の説では初生の芽出しが葭でそれがもっと生長した場合が蘆で、そして充分成長したものが葦であり葦は偉大の意味だと書いてある。

アシは我邦諸洲の沼沢湖地ならびに河辺の地に生じて大群を成し、いわゆるヨシハラを作《な》している。その茎すなわち稈はヨシ簾《ズ》にするので誰れもがよく知っている。支那では蘆筍といってその嫩芽《わかめ》を食用にし市場にも売っているが、日本のものは支那のものより瘠せているから誰れもその筍を採て食う人がない。しかし私は曾《かつ》てこれを試みに煮食して見たが、硬い部分が多くて余りウマクはなかった。

アシは禾本科の一種である。その地下茎は盛んに泥土中を縦横に走り、それから茎すなわち稈が出て生長するから、そのこれある処は忽《たちま》ちに叢《くさむら》を成して繁茂する。稈には節があり、葉は緑色狭長で長く尖りその葉鞘を以て稈に互生し、秋に至り梢頂に褐紫色の花穂を出し多数の穎花から成りふさふさとして風来れば靡《なび》ている。老ゆれば白毛が出ていわゆる蘆花を成し、枯残せる冬天の蘆葦は帰雁に伴うて大いに詩情をそそるものである。

その葉一方より風来れば葉々風を受けて彼方に偏向し葉鞘ねじれて葉片はそのまま依然としている。かくの如き場合がいわゆる片葉《カタハ》ノ蘆《ヨシ》にて別に何の不思議もなければまた無論別種のものでもない。一方から風の吹き来る処では何処でも随時この片葉の蘆が出現する。

またアシの葉には他の禾本類の葉と同じく先の方に少しの括《くび》れがある。往々書物に書いてある様に、その葉を十二ヶ月に分割しその括れに当る月にはその年に大水があると占ってあるが、これは全く謂《いわ》れの無い迷信である。元来禾本類の葉にこの括れのあるのは、その葉の極めて嫩《わか》くてまだ閉じ込められている時分にその茎の節の上になって居った処にそれが出来るのである。

古歌ではアシをヒムログサ、タマエグサ、ナイハグサ、サザレグサ、ハマオギというとある。ハマオギは彼の「浪速のあしは伊勢の浜をぎ」と詠まれたものでこれは今日でもなお伊勢の三津《みつ》という処に昔のままに残っている。行てこれを見ると全くアシであって、あえて別のものではない。

マツ

霰打《あられうつ》　安良礼松原《あられまつばら》　住吉之《すみのえの》　弟日娘与《おとひおとめと》　見礼常不飽香聞《みれどあかぬかも》

大伴乃《おほともの》　高師能浜乃《たかしのはまの》　松之根乎《まつがねを》　枕宿杼《まきてぬるよは》　家之所偲由《いへししぬはゆ》

マツすなわち松はアカマツ（メマツ）でもクロマツ（オマツ）でも宜しく歌によってアカマツの場合もあればまたクロマツの場合もある。この二種は日本松樹の二大代表者で実に我邦山野の景色はこの二樹が負《しょ》って立っていると唱道しても決して過言ではあるまい。総体アカマツは山地に多くクロマツは海辺に多い。彼の諸州の浜に連なる松樹は皆このクロマツである。

アカマツの幹は樹皮に赤味を帯びているからそういい、クロマツは幹の色に黒味があるからそういわれる。そして両方とも幹は勇健で直立分枝し下の方は著しい亀甲状の厚い樹皮で甲《おお》うている。葉は針状常緑であるが、アカマツの方は柔かくクロマツの方は強い。両方ともその針状葉が二本ならんで釵状を成しているが、これはその一本が独立の一葉でそれが極めて細微な小枝へ二本並んで出ているのである。ゆえに松の枝には実に沢山な小枝が着いている訳だ。葉の本には膜質褐色の袴がある。松に枝の出る時は右の両針葉の中間から萌出する。もし五葉ノ松であったらその五本の針状葉の中心から枝が出て来る。そしてそれが漸次に生長して遂に新枝と成るのである。

クロマツ、アカマツ共にそれに花が咲く時は、そのいわゆるミドリの本の方に小鱗片ある長楕円形の黄花が群着し、多量の花粉を吐出し風に吹かれて散漫し、あるものはミドリ頂にある雌花毬に附着するが、しかしその大部分は地面に降り落ち宛《あた》かも硫黄の粉を播き散らされた様に見える。

ミドリの頂にある暗紅紫色の雌花が後に段々その大きさを増して緑色を呈し、次年の秋に全く熟して硬い鱗片を開き中の種子を散出せしめる。いわゆる松毬すなわちマツカサでクロマツのものはアカマツのものより少々大きい。種子には翅があって風に吹かれてその地この地に飛び散りその落ちた処に仔苗を生ずるが、その苗には緑色糸状の輪生子葉を有している。

古歌では松にイロナグサ、オキナグサ、ハツヨグサ、トキワグサ、チエダグサ、チヨギ、ソチヨグサ、スズクレグサ、タムケグサ、メサマシグサ、コトヒキグサ、ユウカゲグサ、ミヤコグサ、クモリグサ、ヒキマグサ、モモクサなど沢山な名がある。歌では木でもこれを草と呼んでいる。

ツバキ

吾妹《わぎも》子《こ》乎《を》　早見《はやみ》浜風《はまかぜ》　倭有《やまとなる》　吾松椿《わをまつつばき》　不吹有勿《ふかざるな》勤《ゆめ》

ツバキは椿である。この木は春盛んに花が咲くから木偏に春を書いてツバキと訓《よ》ませたものである。すなわちツバキの椿は和字（日本で製した字）である。ゆえにその字に字音というものはない。強《しい》て字音で呼びたければシュンというより外に途がない。多くの学者はこれを支那の椿（字音チン）と同字だと勘違いして日本のツバキを椿と書いては悪るいと言う人もあるが、その人の頭には少しも順序が立っていない。この支那の椿は昔隠元《いんげん》禅師が帰化した時分に日本へ渡り来って今諸処にこれを見得るが、吾人はそれをチャンチンと呼んでいる。椿《チン》は『荘子《そうじ》』に八千歳を春となし八千歳を秋となすと出ているのでこの椿を日本人が日本の椿《ツバキ》と継ぎ合せて文学者が八千代椿《ヤチヨツバキ》などの語を作ったもので、これはいわゆる竹に木を継いだようなものである。

ツバキは我邦到る処に見る常緑の小喬木で、山地に自生するものもあればまた庭園に栽《う》えてあるものもある。山に在るものは一重の赤花を開きこれをヤマツバキともヤブツバキとも称する。庭に在るものには八重咲花が多く、かつ花色も種々あって一様ではない。

幹はかなり太くなり繁く枝を分ち密に葉を着ける。葉は葉柄を具《そな》え、枝に互生して左右の二列に排《なら》び厚くして光沢があり広い楕円形を成して葉縁に細鋸歯を有する。ツバキの名はこの葉が厚いから厚葉木《アツバキ》の意でその首《はじ》めのアが略せられたものだといい、また光沢があるに基いた名ともいわれている。

花は小枝端に着き無柄で形ち大きく下に緑色の芽鱗と萼片とがあって花冠を擁している。花冠は一重咲のものは六、五片の花弁より成って基部は互に合体し謝する時はボタリと地に落ちる。花中に在る多雄蕊は本は相連合して筒の様に成り花冠と合体し葯は黄色の花粉を吐く。中央に一子房があって三つに岐《わか》れた花柱を頂き、子房の辺に蜜汁が分泌せらるるのでよく目白《めじろ》の鳥がそれを吸いに来り、その際に花粉を柱頭に伝え媒助してくれる。ゆえにツバキは鳥媒花であるといえる。

花の後にはその子房が日増しに生長して大きな円い実と成り、秋になって熟すれば、その厚い果皮が開裂して中から黒褐色の大きな種子が出ずる。この種子から搾り採ったのが椿油で伊豆の大島はその名産地の一である。

ツバキの漢名は山茶である。その葉が茗《チャ》の葉に類し、製すれば飲料となるのでそれで山茶の名があると支那の学者はいっている。

前文に、梓の生木はまだ日本へ来た事がないと書いたが、その後この樹が多少は既に来ていることを知った。ゆえにその在る処を訪えばその生木が見られる。

カキツバタ一家言

花がつみまじりにさけるかきつばたたれしめさして衣にするらん　公実
狩人の衣するてふかきつばた花さくときになりぞしにけり　基俊

カキツバタは誰れもよく知っているアヤメ科イリス（Iris）属の一種であって Iris laevigata Fisch. の学名を有する。シベリア、北支那方面から我が日本に分布せる宿根草で水辺あるいは湿原に野生し、我邦では無論かく自生もあれど通常は多くこれを池畔に栽《う》えてある。

この草は冬はその葉が枯れて春に旧根から萌出し夏秋に繁茂する。根茎は横臥し分枝し、葉は跨状式を成して出で剣状広線形で尖り鮮緑色を呈して平滑である。葉中に緑茎を抽いて直立し一、二葉を互生し、茎頂に二鞘苞ありて苞中に三花を有し毎日一花ずつ開く。花は美麗な紫色で外側の大きな三片は萼でそれが花弁状を呈し、その間に上に立っている狭い三片が真正の花弁である。萼片の柄の内側に一の雄蕊があるからつまり雄蕊は一花に三つある訳だ。そしてその葯は白色で外方に向って開裂し花粉を吐くのである。中央に一花柱があって三つに分れ、その枝は萼片の上に倚り添うて葯を覆いその末端に二裂片があってその外方基部の処に柱頭がある。この花は虫媒花であるから昆虫によって媒助せられ雄花の花粉を虫が柱頭へ着けてくれる。そして子房は花の下に在っていわゆる下位子房を成し、花後に果実と成り遂にそれが開裂して種子を放出し、枯れた実は依然として立っている。カキツバタは紫花品が普通であるが、またシロカキツバタという白花品もあれば、またワシノオと呼ぶ白地へ紫の斑《ふ》入り品もある。そして本種は同属中で最もゆかしい優雅な風情を持っていて、その点は全く同属中他品の及ぶ所ではない。さればこそ昔から歌や俳句などで決してこれを見逃していないのはもっともな事だと思われる。

今カキツバタの語原を討尋して見ると、これはその根元は「書き付け花」から来たものだといわれる。すなわちそれは国学者荒木田久老《あらきだひさおゆ》の説破する所でこの同氏の説は全く信憑するに足るものと信ずる。由て今左に同氏の説を紹介するが、これは今から方《ま》さに百二十一年前の文政四年〔一八二一〕に出版と成った同氏著の『槻の落葉信濃漫録』に載っている文章である。

かきつばた
波太波奈《ハタハナ》の通ふ言につきて因に言かきつばたといふ花の名は燕の翅《カケ》る形チに似たれば翅《カケリ》燕花《ツバハナ》といふ言ぞと荷田大人のいはれしよし師の冠辞考に見えたるをめでたき考とおもひをりしに按《オモヘ》ば是は燕子花とある漢字よりおもひよせられしものなり　熟《ツラツラ》考るに万葉七に墨吉之《スミノエノ》浅沢《アササハ》小野《ヲヌ》乃《ノ》加《カ》吉《キ》都《ツ》播《バ》多《タ》衣爾《キヌニ》須《ス》里《リ》着《ツケ》将衣《キム》日《ヒ》不知毛《シラズモ》又同巻にかきつばた衣《キヌ》に摺つけますらをの服《キ》曾《ソ》比《ヒ》猟《カリ》する月は来にけりとありて上古は今のごとく染汁《ソメシル》を製《つく》りて衣服を染ることはなくて榛《ハリ》の実或はすみれかきつばたなどの色よき物を衣《キヌ》に摺り着《ツケ》てあやをなせるなり其摺着《スリツクル》をまたかきつくともいひて是も巻七に真鳥住卯手《マトリスムウナテ》の神社《モリ》の菅《スガ》の実《ミ》を衣《キヌ》に書付《カキツケ》令服児欲得《キセムコモガモ》とあればかきつばたは書付花《カキツバナ》也　はなとはたと通ふは上にいふがごとし　着《ツク》をつとのみいふも古語也つきつくつけなどいふき‖く‖け‖も用言に添る言にて元来つの一言《ヒトコト》ぞ着《ツキ》の意なりける船のつく所を津《ツ》といふにて知るべし（以下省略する）

右にてカキツバタの語原はよく解るであろう。因《ちなみ》にいう、ここに一つの私の発見がある。それは上の文章中に引用してある万葉歌の真鳥住《マトリスム》云々の歌中に在る菅《スガ》の実《ミ》の事であるが、ここには通常スゲ（Carex）の場合に慣用せられている菅の字が使用せられてあるので、これはやはりスゲの事だと速了すれば忽《たちま》ち誤謬に陥る事に成る。また思い廻らして見ればスゲの実も根も一も染料に成るものは無いから、その点から観てもそれがスゲで無い事が判かる。しからば右の歌のスガは何か。仮令《たとい》ここにはスゲに慣用せられている菅の字が用いてあってもそれは決してスゲその物では無くて、その的物は正にスイカズラ科の落葉灌木なるガマズミである。この木は諸州何処にも普通に見られ神社の藪などにも少なくない。夏に白い細花が枝端に聚り咲いて秋に赤い実が熟し赤い汁があって味が酸い。ゆえによく小児が採って食い、地方によるとこれを漬物桶に入れて漬物へ赤色の色を添える。今はこれを染料に利用している事は無い様だが、昔は衣に摺り付けてそれを赤色に染めた事を上の歌が証明しているのは面白い。スガの実はスミの実、すなわちズミの実で

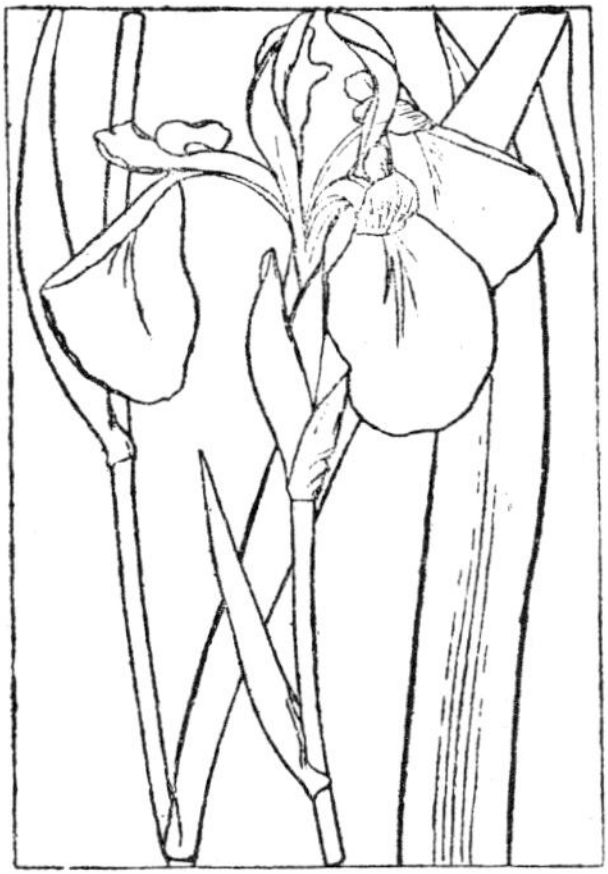

燕子花と誤認せられたカキツバタ

ある。そしてこのズミはソミ（染ミ）の意であってそれがまたガマズミの一名と成っているが、なおその他にもヨソゾメあるいはイヨゾメの名があって皆染める意を表わしている。彼の「妹が為め菅《スガ》の実《ミ》採りに行きし吾《アレ》山路に惑どひ此の日暮しつ」のスガの実もまた同じくガマズミの実であって、これは妹が衣を染めむ料にせんとて山に採りに行き日の暮れるまで一日山中をさ迷ったのである。『万葉集略解』でもまた『万葉集古義』でも共にここの菅《スガ》の実《ミ》を麦門冬《ヤマスゲ》、すなわちリュウノヒゲの実とするのは極めて非で、この実はその外皮が藍色ではあれど非常に薄くて少しも汁なく、また皮下の果肉は白色で敢て色なく全く染料とは成らないものである。なお従来の歌学者が麦門冬の古名なるヤマスゲを拉し来って歌に在るヤマスゲ（山菅）をこの麦門冬の事とするのは不徹底な考えで、ヤマスゲとは例えばカンスゲなどの様なスゲを指したものたるに外ならない。要するに菅《スガ》の実《ミ》の菅《スガ》と山菅《ヤマスゲ》の菅《スゲ》とは字は同じでも物は異っているが、これを混同しているのが世間の歌学者達である。

　昭和八年六月四日に、私は広島文理科大学植物学教室の職員達と一緒に同校の学生を引き連れて植物実地指導のため安芸の国山県郡八幡《ヤハタ》村に赴いた。この八幡村は同国西北隅の地でその西北は石見の国と界している。そしてこの村の田間の広い面積の地にカキツバタが一面に野生し、それが丁度花の真盛りな絶好の時期に出逢った。私は熟《つらつ》らそれを眺めている内に我が邦上古にその花を衣に摺ったという事を思い浮べたので、そこで早速にその花瓣《はなびら》を摘み採り試みに白のハンケチに摺り付けて見た所、少しも濃淡なく一様に藤色に染んだので、更に興に乗じて着ていた白ワイシャツの胸の辺へも頻りと花を摺り付けて染めしみじみと昔の気分に浸って喜んで見た。私は今この花を見捨てて去《い》ぬるのが懶《もの》うくその花辺に秪徊しつついる内に端《はし》なく次の句が浮んだ。この道には全く素人の私だから無論モノには成っていないのが当り前だが、ただ当時の記念としてここにその即吟を書き残して見た。

衣に摺りし昔の里かかきつばた
ハンケチに摺つて見せけりかきつばた
白シヤツに摺り付けて見るかきつばた
この里に業平来れば此処も歌
見劣りのしぬる光琳屛風かな
見るほどに何んとなつかしかきつばた
去ぬは憂し散るを見果てむかきつばた

何んと拙《つた》ない幼稚な句ではないか。書いたことは書いたが背中に冷や汗がにじんで来た。

今から千余年も遠い昔に出来た深江輔仁の『本草和名』には加岐都波太、すなわちカキツバタを蠡実、一名劇草、一名馬藺子等と書き、次で千年余りも前に出来た源順の『倭名

杜若（支那産）

類聚鈔』にもまた、加木豆波太、一名すなわちカキツバタを劇草、一名馬藺と記し、次でまた九百余年前に撰ばれた『本草類編』にも加岐都波奈を蠡実と書いてあるのは何れも皆その漢名の適用を誤っていて、これらは悉《ことごと》く同属ネジアヤメの名である。

　カキツバタを加木豆波太、加岐豆波太、加岐都波太、加吉都幡多、華己紫抜他、もしくは加岐都波奈と書くのは単にその和名を漢字で書いたもので、すなわちいわゆる万葉仮名である。また更に同じく漢字を以て書いたものに垣津幡、垣津旗、垣幡がある。またカキツバタの別名としてカイツバタ、貌吉草《カオヨグサ》、カオヨバナ、カオ花、貌花《カオバナ》、容花《カオバナ》、可保婆奈《カオバナ》、可保我波奈《カオガハナ》があるがこれらは主として古歌に用いられたもので、今日ではただカキツバタの一通名で一般に通っていて、あえて他の名では呼ばなく、ただ時とすると略して、カキツと呼んでいる事があるに過ぎない。

　支那の植物に杜若《トジャク》という草があって我邦の学者は早くもこれをカキツバタであると信じ

た。そしてこの旧《ふる》い考定が今日まで続いて残り、俳人、歌人の間にはそれが頭にこびり付いて容易にその非を改むる事が出来ず、従て俳聖、歌聖と仰がれる人でも皆この誤りをあえてしているから、今日の人々の作り出す新句新歌の上にもやはり旧慣に捉われ頻々としてこの墨守せられた誤りの字面が使われていて、すなわちこれらの人々には草や木の名の素養が全く欠けている事を暴露しているのは残念である。私はこの様な文学の方面でもその間違いはどしどし改めて行く事に勇敢でありたいと思っている。今日日進の教育と逆行するのは決して善い事ではあるまい。

全体我邦で昔誰れが杜若をカキツバタだといい初めたかというと、今から九百余年前に丹波康頼《たんばのやすより》の撰んだ『本草類編』であろうと思う。そして同書にはまた、蠡実をもカキツバタとなしてある。次に『下学集《かがくしゅう》』にも杜若がカキツバタと成っている。これで観るとカキツバタを杜若であるとしたのは中々旧い事である。

この杜若なる漢名の用いが中々長い年の間続いたが、今から二百三十四年前の宝永六年〔一七〇九〕に至て貝原益軒はその著『大和本草』でカキツバタが杜若であるという昔からの古説を否定し、併せてその杜若は筑前方言のヤブミョウガ（ツユクサ科のヤブミョウガでは無い）すなわちハナミョウガ（ショウガ科）であると攷定《こうてい》して発表した。

次で稲生若水《いのうじやくすい》、小野蘭山などの学者が出て、今度は杜若はカキツバタでもまたハナミョウガでも無くこれはヤブミョウガ（ツユクサ科）であらねばならぬとの新説を立てた。そ

杜若と誤認せられたハナミョウガ

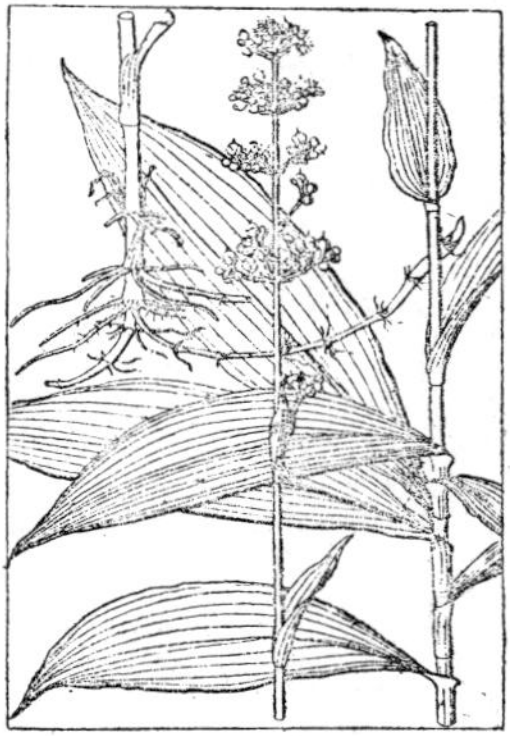

杜若と誤認せられたヤブミョウガ

して右はこれら景仰《けいこう》せられた一流学者のした事でもあるので、その後多くの学者は皆翕《きゅう》然《ぜん》としてその説に雷同し、杜若はヤブミョウガであるとしてあえてこれを疑うものはほとんど無かった。

しかるにその後、岩崎灌園《かんえん》がその著『本草《ほんぞう》図譜《ずふ》』で右先輩の説を覆えし、この杜若なる植物はアオノクマタケラン（ショウガ科に属し支那と日本とに産し暖地に見る）であるとの創見の説を建てたが、これは蓋《けだ》し一番穏当な観方である。すなわち杜若はかくアオノクマタケランだとするのがまず間違の無い鑑定だと信じて宜しい。

これによってこれを観れば杜若をショウガ科のハナミョウガに充《あ》てた貝原益軒の意見は、それは中《あた》らずと雖《いえ》ども遠からざる説ではあれどしかし益軒の卓見が窺い知られる。何とならばこれは杜若を同じショウガ科のアオノクマタケランに充てた正説に最も近く、これを彼のカキツバタだのヤブミョウガ（ツユクサ科の）だのに充てた説に比ぶればズットその洞察が優れているからである。

サテ、杜若をカキツバタでは無いと一蹴した我邦の諸学者、それは稲生若水、小野蘭山等を始めとして今日誰れでも皆燕子花をカキツバタだと称え納まり込んで涼しい顔をしているが、私はこれらの人達の何の苦も無い様なオ顔を拝見すると思わずハハハハハと笑いたくなる。そしてその誤りを負《しょ》い込んでも一向それに目醒めない不覚を憐れに感ずる。何んとならばカキツバタは断じて燕子花ではないからである。しからばすなわち世間一般の衆に背いてかくそれを否定する根拠が何処に在るのかと尋問せらるれば、すなわち私は躊躇なく直《ただ》ちにそれはここに在ると即答する。すなわち今次にこれを述べて見よう。

杜若であるアオノクマタケラン

カキツバタでは決して無いぞと須《すべか》らく断定すべき燕子花の名は、元来宋の時代の朱輔（桐郷の人で字は季公）という人の著わした『渓蛮叢笑』と題する書物に出ていてその文は

紫花ニシテ全ク燕子ニ類シ藤ニ生ズ一枝ニ数葩（漢文）

ですこぶる簡単至極なものである。が、しかしその性状は誠によく言い尽している。そしてこの燕子花には紫燕ならびに煙蘭という別名がある。

今ここに上の『渓蛮叢笑』の文とカキツバタの形状とを対照して観ると、その間に截然《せつぜん》たる相違点が在って、その燕子花が決してカキツバタに中《あた》っていない事が直ちに看取せられる。この事は今から二百十五年前の享保十三年（一七二八）に『本草綱目補物品目録』（出版は宝暦二年）で、始めて後藤黎春が『渓蛮叢笑』に載っている燕子花は藤生でカキツバタには合わぬと喝破し、また畔田《くろだ》翠山《すいざん》も彼れの『古名録』で同様な意見を述べ共にカキツバタを燕子花とする説を否定している。しかるに他の諸学者連はこの慧眼なる二学者の警鐘に耳を掩おい、あえてその誤りを覚らないのは憫然《びんぜん》の至りである。

カキツバタの花はその花形決して燕には類してはいない。しかしこれを燕子花だと信じている学者の中には成るべくその花を燕に連絡さす様に工夫し「花は夏の頃さきて、そのはなびらの、ながくなびきて、しなやかなること、燕の尾に似たり」と書いたものなどがある。元来燕の姿は前方に一つの頭がありその体軀の左右には翅翼があり後方には両岐せる一つの尾があって、いわゆる左右相称の偏形を呈しているから、それが斉整均等なる輻射相称の形を呈せるカキツバタの花容とは一向に合致しない。次に「藤ニ生ズ」とあるが、これは痩せて長いヒョロヒョロした茎、すなわち藤《ツル》の様な茎に生じているとの意であるから、我がカキツバタの様に茎がツンと一本立ちに突き立っていては決して藤《ツル》の様なと形容する事は出来ない。次に「一枝ニ数葩」とあるこの数葩は数花の意であるから、一つの枝に四、五輪かないし七、八輪かの花が着いて咲いていなければ都合が悪るいが、カキツバタの花は仮令《たとい》その茎頂に在る鞘苞中に二花ないし三花が含まれてはいるとしても、しかしその花は順を追て新陳代謝し一日に一花ずつしか咲かないから、それは決して数葩すなわち数花が開くとは言えないのである。

上の様に燕子花を捕え、それが断じてカキツバタその物ではないと宣告し去ると、しからばその燕子花とはいかなる正体の草であるかの問題に逢着する。すなわちこれはすこぶる興味津々たる裁判であるといえる。

私は我が独自の見解に基づきこの燕子花、それはかの『渓蛮叢笑』の燕子花を以て、キツネノボタン科に属する飛燕草《ヒエンソウ》属の一種なるDelphinium grandiflorum L. var. chinense Fisch. であると断定して疑わない。この種は支那の北地ならびに満洲にも野生して普通に見られ、秋に美花を発《ひ》らいて野外を装飾する。今その草の状を観ると『渓蛮叢笑』の文とピッタリ吻合《ふんごう》する。仮令《たとい》その書の文が短くてもこれを翫読《がんどく》して見るとそこにその要点が微妙に捕捉せられているのが認められる。和名をオオヒエンソウと称する。

燕子花（渓蛮叢笑）
オオヒエンソウ

上の如《ごと》くカキツバタが燕子花ではないとすると、しからば同草の漢名は何んであるかという事になるが、私は寡聞にしてまだカキツバタの正しい漢名を知らない。カキツバタは北支那にもあるからキット何かその名が無くては叶わないが今はそれが判らない。しかし待っていれば早晩明かになる時期が到るであろう。

右の様に従来我邦で用いられている漢名にはその適用を誤っているものがすこぶる多い。彼のケヤキに欅の字を用い、アジサイに紫陽花を用い、ジャガイモに馬鈴薯を用い、フキに款冬あるいは蕗を用い、ワサビに山葵菜を用い、カシに橿を用い、ヒサカキに柃を用い、ショウブに菖蒲を用い、オリーブに橄欖を用い、レンギョウに連翹を用い、スギに杉を用うるなどその誤用の文字実に枚挙するに遑《いとま》がない。この悪習慣が一流の学者にまで浸潤し、どれ程世人を誤っていて事体を複雑に導いているか実に料《はか》り知るべからずである。こんな理由《わけ》であるから、古典学者などは別として普通一般の人々は植物の名は一切仮名で書けばそれでよいのである。何にも日本の名を呼ぶのにワザワザ他国の文字を仮り用いる必要は決して無い、と私は深く信じている。そしてこれは明治二十年以来の私の主張であるのである。

ブドウ（葡萄）

我が日本では昔からブドウを作っていた。これはもと外国（多分支那）から来たもので元来我が邦にあったのではない。彼の甲州ブドウが伝説にあるように、神社の路傍で偶然その野生品を見付けたと書いてあっても、これは固《もと》より日本野生のものではない。何処からか来ていたものが、偶《たま》またまそこに生えていたのに過ぎないのである。

今日では外国から種々の品種が取寄せられているので、世間で変った品が多く見られる事は昔日の比ではない。従ってその葉の状態や実の形状もいろいろある。

支那でも葡萄は同国に産したのではなく昔は無かった。漢の時代に張騫《ちょうけん》という人が西域に使しその地からその種子を携えて帰りそれを支那へ伝えたから、同国でも次第にそれが拡まったのである。しかし同国の西の方の遠い辺鄙の地には既にそれ以前からこれがあったという事である。

しからばブドウの原産地は何処であるかと繹《たず》ぬると、それは蓋《けだ》し欧洲の東南部から印度の西部にかけたその間の地がその本国であろうと学者達は言っている。そしてこのブドウの学名は Vitis vinifera L. である。

和名のブドウは葡萄の字音から来たものであるが、しかし支那では葡萄の古名は蒲桃であった（熱国に蒲桃すなわちフトモモという常緑樹があるが、無論それではない）。支那の学者は葡萄について次のように言っている。すなわち「葡萄に蒲桃と書いてある。これで酒が造られる。人がこれを酺飲すると陶然として酔うのでそれでこの名がある。その実の円い者を草竜珠といい、長い者を馬乳葡萄といい、白い者を水晶葡萄といい、黒い者を紫葡萄という」とこれである。

右のように支那人は葡萄すなわち蒲桃を酔心地よく酒に酔う意味だと言っている。しかしそれは果して真か。否々、全くそうではない。

元来葡萄でも蒲桃でもその字面には何んの意味も持っていない。何とならばこれは疑いもなく音訳字で、それは丁度イギリスを英吉利と書くようなもので単にその発音を表わした字に過ぎないのである。すなわち葡萄、蒲桃と共にかの張騫が始めてその種子を得た大宛、すなわち、北爾肯州《フエルガン》の土言 Budaw（ペルシャ語では Budawa）の音訳字で、それが始めは蒲桃であったが後ち葡萄に変ったのである。この様なイキサツであるので葡萄も蒲桃もその字面には何んの意味も持っていないのである。

支那でも昔は干葡萄を造ったと見えてそれに葡萄乾の名がある。そしてそれを四方に貨《う》り出したのである。また同国では昔既に種子無しの葡萄を見出していてこれを鎖鎖葡萄といった。すなわち今日の Sun-raisins と同じである。実が累々と連っているというので多分鎖鎖と名けたものであろう。ここに面白い事は右のレーズン（raisin）の語は元《もと》とは、ラテン語の racemus から由来しこのラセムスはブドウの果穂の事である。そしてそれが支那人の鎖鎖の語と一致し、その観る所を同じくしているのはすこぶる興味がある。

日本でも徳川時代に既にブドウの品種に幾つかの変り品があった。すなわち実が淡緑色に熟するものも見られた。また白色に熟するものもあってこれをシロブドウと呼んだ。また長い実のものもあってこれをナガブドウとも江戸ブドウとも称した。また紫色に熟するものをクロブドウといった。

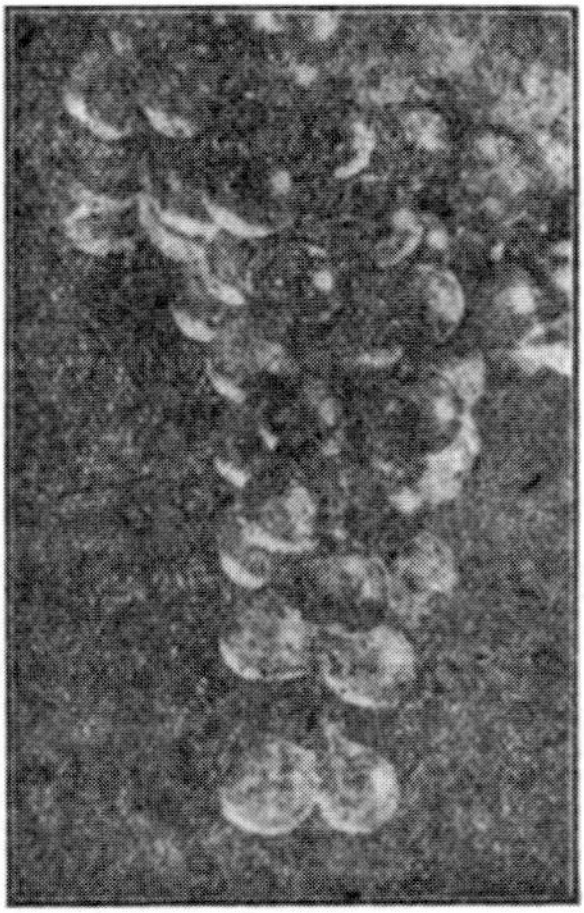

ブドウは草か木かと言ったら木の内へ這入る。それは丁度フジと同じようなものである。つまり灌木の蔓をなしたもので、かくの如《ごと》きものを藤本と称する。その幹は褐色で縦に外皮が剝げかなりの太さになる。二、三丈の長さに成長し枝を分ち葉を着けて繁茂する。葉は葉柄を具《そな》えてその年に出た枝上に互生し円く広く

て下部は心臓形を呈し浅く分裂して鋸歯がある。葉裏に毛あるものと無いものとがあって種類により一様ではない。

ブドウの蔓には巻鬚があって葉と反対の側に出ている。つまり葉と対生しているのである。この巻鬚は強く他物に絡み付き茎をして攀《よ》じ登らせる。面白い事はこの巻鬚は実は茎の変じたものでこれに花が咲いたらそれが花穂になる。つまり花穂も巻鬚も本来は同物であって、ただその発育の度によって異っているのみである。元来この巻鬚も花穂も茎の頂のものであれど茎の生長の具合でそれが茎の横へ出ているようになっている。この事実はすこぶる面白い事ではあれど図でも入れて説明しなくては了解し難いから、止むを得ずここには省略するが、もしその委曲を知りたい御方は植物学の書について看て下さい。

右のように葉に対して出ている花穂はその中軸から小枝を分ち、この小枝は復《ま》た細枝に分れてそれに淡緑色な有柄小花を多数に綴り房をなしている。いわゆるパニクルで円錐状花穂である。

花には花弁が五枚あって花が開く時、その五枚は特にその頂点で互に合着しその本の方が却《かえっ》て花托から離れ、次第に反巻し宛《あた》かも五つつに裂けた笠のようになって、そのまま早く落ち去るのである。そうすると今まで花弁の内部にあった五雄蕊が後とに残って立っている。そして花の中央には緑色の一子房があって頂に極めて短かい一花柱が見える。雄蕊の本にはその間に五つの蜜腺があって蜜液を分泌するので、花時には御客の昆虫が来集し花中の蜜を吸いつつ知らず識らず雄蕊の花粉を花柱頂の柱頭に着け媒助してくれるので、その御蔭でブドウの実が立派に出来るのである。

花がすむとその受胎した子房が日を逐て次第に大きくなり果穂が下がり秋になるとその実が成熟する。ブドウの実は誰れでも知っているように甘い液汁を含んだ漿果で味が佳《よ》い。そして果内に僅かの緑褐色なやや扁《ひら》たい種子がある。この種子の萎縮して出来ないものが彼の種なしの干葡萄サンレーズンスである。

葡萄酒すなわちワインがブドウの果汁で造られる事は誰れでも知っている。学名なるVitis vinifera L. の種名ヴィニフェラは葡萄酒を持っている、すなわち葡萄酒が醸し得らるるという意味の語である。支那の初唐時代での有名な詩の「葡萄ノ美酒夜光ノ杯、飲マント欲シテ琵琶馬上ニ催ス、酔テ沙場ニ臥ス君笑フコト莫《な》カレ、古来征戦幾人カ回ヘル」はよく人口に膾炙《かいしゃ》した七絶である。

我邦で昔葡萄をエビといった。またエビカズラともオオエビともいった。このエビの語は蓋《けだ》し本は同属のエビヅルから出たもので、このエビヅルは我邦各地に野生し畢竟《ひっきょう》葡萄属の一種である。小い実がなり黒熟すればよく子供が採って食うのである。かの狩衣などを紫黒色に染めこれをエビ染め、またその色をエビ色というのはこれらブドウの実の熟した色に象《かた》どったものである。

彼岸ザクラ

普通のサクラに先駆け春の彼岸頃に逸早く花の咲くサクラに、彼岸ザクラと呼ばるるもののある事は誰れでもよく知っていて、その花を持て囃すのである。世間一般普通の人々にはそれでよいので、その間に兎《と》や角《こ》う言うような問題は何んにも彼等の間には起っていない。

ところがこの彼岸ザクラが一朝学者仲間での問題となると、普通の素人が考えているようにそう簡単には片付かないので、その間やや混雑の状を呈して来るのである。

学者仲間、殊に植物学者仲間に於ては従来彼岸ザクラの名があえて正しく呼ばれていないのである。それには一つの原因があって、畢竟《ひっきょう》それは彼等学者に彼岸ザクラ正品の認識が不足しているからである。近代の植物学者が大抵東京帝国大学育ちであり、一方東京の彼岸ザクラは彼の上野公園に在る大木性のものをそう呼んでいるので、右等の人々は彼岸ザクラといえば右の木より外には無く彼岸ザクラはただこの木一種とのみ信じきり、それが遂に一の通念となっているのである。それゆえ明治時代の学者田中芳男氏、小野職愨《もとよし》氏などでもやはり右のサクラを彼岸ザクラと記し（両氏同撰『有用植物図説』参照）、また今日東京で出版せる大学出諸植物学者の著せる植物学教科書などを覗いて見ても、皆右の品が彼岸ザクラとなっている。しかしこれらは皆彼岸ザクラの正しい観方ではない。

私自身は元来が関西方面育ち（生れは土佐）であるより少年時代から彼岸ザクラについてはよくその正品を知っていた。それゆえ関東学者と私とは彼岸ザクラに対しては根本的にその考えが違っている。しかればそれがどのように違っているかと言うと私の見解は次の通りである。

○ヒガンザクラ（一名コザクラ）

Prunus subhirtella Miq.

○ウバヒガン（一名ウバザクラ、タチヒガン、アズマヒガン、エドヒガン）

Prunus Itosakura Sieb. var. ascendens Makino.

東京にてはこれをヒガンザクラと云う。西洋の学者はこの種にP. subhirtella Miq. の学名を誤用している。

○シダレザクラ（一名イトザクラ）

Prunus Itosakura Sieb. = P. pendula Maxim.

右に挙げた三主品がすなわち彼岸ザクラの一グループをなしているが、これに附属する園芸的変種を算《かぞ》うるとそこに多くの異品がある。

真正の彼岸ザクラすなわちPrunus subhirtella Miq. は往時《むかし》から彼岸ザクラと称え、それ以外の名は小《こ》ザクラがその一名であるように思われるけれど、その他にはなく彼岸ザクラの名が一般の通称である。普通に見るものは小木が多くて春に一番早く花が咲く。花は枝上に満ちて競発し淡紅色を呈して極めて優美である。京都辺では普通に見られ、また大和路などにもすこぶる多い。畿内近辺には小木が多いが信州辺へ行くとかなりの大木が見られる。幹は大小いろいろあれどその枝の具合、花の具合、また葉の具合ならびにその気分等は共に全く同一で何等異った点はない。時に八重咲のものがあって八重ヒガン、一名紅《コウ》ヒガン（var. Fukubana Makino.）と称するが、蓋《けだ》しこれがいわゆる熊谷桜《クマガエザクラ》のそれではないかと思う。また彼の十月ザクラ（var. autumnalis Makino.）は本種から出た一の変り品である。そしてこれらの諸品が婆《ウバ》ヒガンすなわちタチヒガンと縁の無いことは、その葉を検すれば直《す》ぐに判《わ》かるのである。

上の彼岸ザクラの正品に対して一体東京方面の学者の認識の淡《うす》いのは東京にこのサクラが割合に鮮《すく》なく、ツマリお馴染みになっていないからであろう。東京で彼岸ザクラといえば後とにも前《さ》きにも上野公園のもののみが登場して、そこでその木を一概にそう思い詰めているのである。それだから彼等の書いた植物教科書には皆そうなっているのじゃないか。拙著『日本植物図鑑』には上に述べた両種を極めて明瞭に区別して書いて置いたので、それを見れば判然とよくその両品を呑み込むことが出来る。

この正品なる彼岸ザクラの名は早くも貝原益軒の『大和本草』に出で、その巻の十二に次の通り述べてある。すなわち今これを観ると、その行文はすこぶる簡単なれどもこの短文中に真によくその品たる事を躍出せしめている。すなわちその文句は

彼岸桜　其花桜花ヨリ小ニシテ桜ニ先立テ早ク開クコト旬余日花開ク時葉未レ生桜ヨリ小樹ナリ花モ小也桜ノ類也

である。すなわち京都辺で親しくこのサクラを眺めてその状態を知悉《ちしつ》している士は、右の文章を玩読すれば直ぐにアノ桜の事だと気が附くのであろう。そして決してその「小樹ナリ」の語を見逃がす事を為ないであろう。しかり、かの木は京都辺のもの皆小樹である。これぞすなわち正真正銘の彼岸ザクラそのもので、前文に既に書いたように彼岸ザクラとして東京辺の学者にはよく呑み込めていないものである。

同書、上の文に次で

ウバ桜モ彼岸桜ノ類ナリ彼岸桜ノ次ニ開ク是モ花開ク時葉ナキ故ウバ桜ト名ヅク

と書いたものがある。このウバ桜は怡顔斎《いがんさい》の『桜品《おうひん》』では婆彼岸と別のものになっていれ

ど、私はこれは多分同種であろうと思う理由を有《も》っている。すなわち右の婆桜も婆彼岸もその学名でいえば共にPrunus Itosakura Sieb. var. ascendens Makino. であると信ずる。

私が始めこのサクラを研究したズット前の時分にはこの婆ザクラの名も、また婆彼岸の名も共に私の注意を惹かなく全くオヴハールックしていた。そしてまた何等別の名も見附からなかったのでそこで始めて立チ彼岸の新称を与え、後ち更にそれを東《アズマ》彼岸ならびに江戸彼岸と為した。かくこれを東彼岸、江戸彼岸と新称したのは東京で一般に彼岸ザクラといっているのはこの種を指すからである。しかしこれらの新和名を命ずるに当っても、その考えは決してこのサクラが東京に固有であるというような誤認から出発したものではなく、またこの樹の原産地は関東では無い位の事実は無論先刻承知していたけれど、前述のように東都で特にこれを彼岸桜と専称しているので、それで殊更に上のような名を附けて見たのである。それゆえこの名は決して悪るいのでもなく、また不当なものでもなく、また非難さるべきものでもなく、まず当り前に出来た称呼なのである。

このウバ彼岸は元来は九州、四国ならびに中国方面の山林中に自生して樹林の一をなし直幹聳立《しょうりつ》して多くの枝椏を岐《わか》ち、葉に先《さきだ》ちて帯白あるいは微紅色の五弁花を満開し、花後に細毛ある葉を舒《の》べ小核果を結ぶのである。かく山に生じているものはその花が余り派手やかではないが、諸州に在《あっ》て里に栽えられてあるものにはすこぶる美花を放《ひ》らくのがある。この樹は喬木で往々巨大なものとなり中には神代桜《ジンダイザクラ》の名で呼ばれる著明なのがあり、彼の陸中盛岡の名木石割桜《イシワリザクラ》もその種である。東京上野公園のものは上野の彼岸ザクラと呼んで有名であったが、今日では樹勢大いに衰え、とても前日のような面影はない。それに花色の淡いものと濃いものとがあったが今残っているか、どうか。

ウバ彼岸から園芸的に変って出来たものにシダレザクラ、一名イトザクラがある。それゆえこのシダレザクラの親は正にウバ彼岸である。しかし学名の上では Prunus Itosakura Sieb. var. ascendens Makino. のようにシダレザクラが母種でウバ彼岸がその変種のようになってはいれど、実際ではその反対で、ウバ彼岸が母種でシダレザクラがその変種なのである。一体学名では早く名づけた種名が主座を占めるので、そこでこんな奇現相を呈し決してその自然の関係を表わしていない事になる。

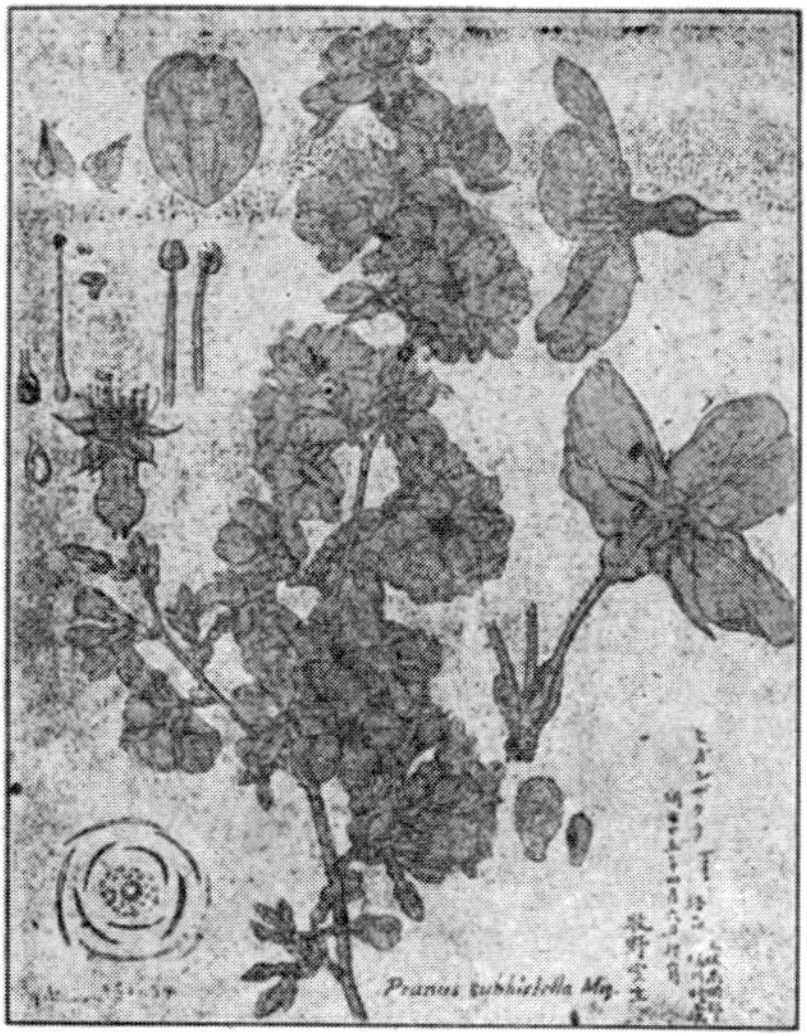

ヒガンザクラ（縮図）

今試にシダレザクラの種子を

播いて見ると、ここに二通りの苗が萌出して来る。すなわちその一は元とのままのシダレザクラが生え、その一は直立するウバ彼岸が生える。甲は親と同じであるが乙は祖先に還ったのである。これによってこれを観ればウバ彼岸とシダレザクラとは全く兄弟のように縁の近いものである。

徳川時代の学者はシダレザクラすなわちイトザクラを垂糸海棠（漢名）だといって済ましていたが、しかしこれは無論間違いであった。しかればこの垂糸海棠は何んであるかというとそれは今日世間で呼んでいるカイドウである。原《も》と支那から来た落葉灌木で、美花を開き花弁は多少相重なり花梗は長いので花が小枝から垂れて咲いていて垂糸海棠の名は最も相応《ふさわ》しい。しかるに同じ徳川時代にカイドウと称えて漢名の海紅すなわち海棠に充《あ》てたものは、今日いう実《み》カイドウ、一名長崎リンゴである。花は林檎式の帯紅白花を開き果実は直径四、五分許《ばかり》の林檎様のもので黄熟すると食えるのである。これまた原と支那から来たもので往々人家に栽えられてある。元来カイドウの和名は海棠から来たものであるから右の実カイドウを指して呼ぶのが本当で、今日のように垂糸海棠をそういうのは宜しくない。そしてこの垂糸海棠の通名として須《すべか》らく花《ハナ》カイドウを用うべきものである。

京都帝国大学植物学教室の小泉源一博士がヒガンザクラの事を既刊の『植物分類地理』に書いている所を見ると、私がヒガンザクラについて大変にその名を混乱させ「この変名は実に甚《はなは》だしく混雑を来す無用のものであり」と攻撃的な言辞を弄《ろう》していれど、この非難こそアベコベに須らく小泉氏が甘受すべきもので、夫氏自ら却《かえっ》てその名称を混雑させているのである。畢竟《ひっきょう》それは小泉氏が真正のヒガンザクラであるべき正統品をヨー認識せずして前にはこれをコヒガンザクラと称えて見たり、後には始めて大木があると知って更にこれにチモトヒガンザクラなる名称を付けて見たりしているのを見れば分かる。すなわちこの「変名は実に甚だしく混雑を来す無用のもので」あるより外に何物もない。

Prunus Itosakura Sieb. var. ascendens Makino. を私がアズマヒガン、またはエドヒガンと称せしイキサツについては前文に書いてあるから、よくそれを玩読すれば特にこれをそうした事情が充分に呑み込めるであろう。そしてこれをそう名づけた精神は決して単にその種の地理分布を土台と為した皮相なものではなく、モット深遠な意味を含んでいるが、しかしその微妙な点が小泉氏にはヨー合点が行かぬのである。すなわち実はそ

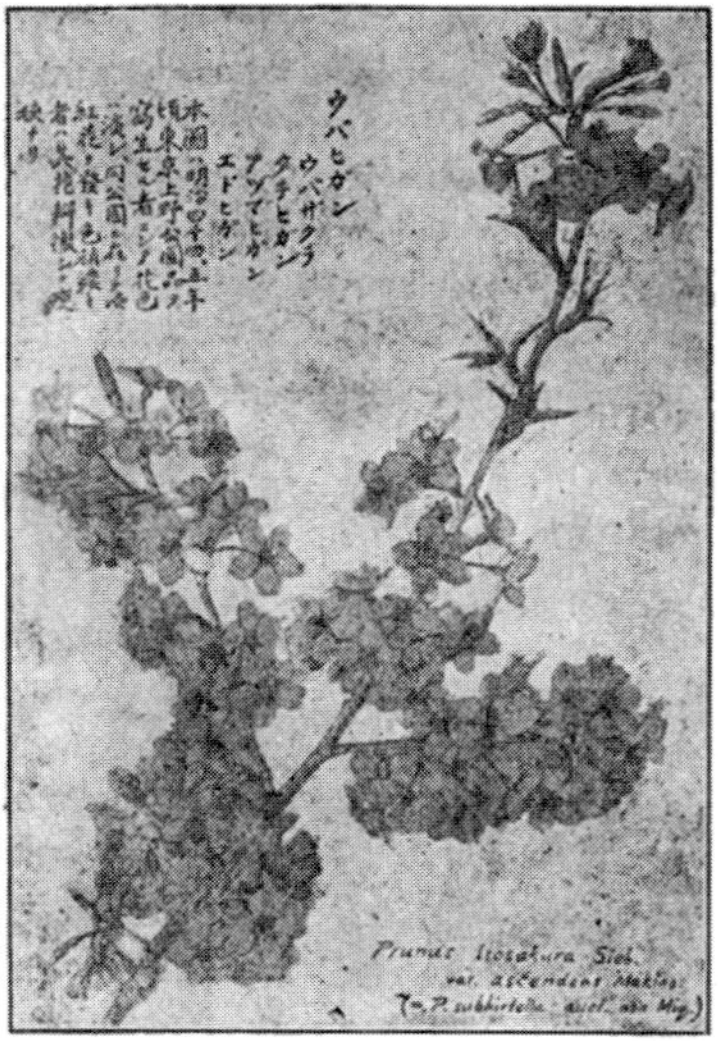

ウバヒガン（縮図）

の一面には同氏等のような少くもヒガンザクラについては半可通な学者をして醒覚せしめんとの下心の迸《ほとばし》りもあったのである。旧く彼岸ザクラの名ならびにその正品の出ている文献は前に書いたのでその真品はそれで判かる。この碩学なる古人の正説を非認しその名称を乱る者は小泉氏等の学者達であって、それは前にも言ったように不幸にしてその誤謬が改善せられぬ今日の現状であるからこそ、吾人はここに彼岸ザクラについてあえて筆を執って起ち上がって見たのである。ツマリは彼等の蒙を啓かんがために外ならないのである。

蓮の話・双頭蓮と蓮の曼陀羅

諸君は、諸処の池に於て「蓮」を見ましょう。その清浄にして特異なる傘状の大きな葉とその紅色もしくは白色の顕著なる花とは、一度これを見た人の決して忘るる事の出来ぬ程立派なものであります。またその蓮根と呼ぶものを諸君は食事の時に時々食するでしょう。その孔の通った畸異なる形状は、これまた諸子の常に記憶する所のものでありましょう。

通常蓮根と呼んで食用に供する部分は、世人はこれを根だと思って居りますが、これは決して根ではありません。それなればこれは何んであるかと言えば、これは元来ハスの茎の先きの方の肥大した一部分であります。この茎はすなわちハスの本幹と枝とであって宛《あた》かもキュウリやナスビなどの幹と枝とに同じものです。このキュウリやナスビなどはその幹枝が空気中にありて上に向い立て居りますが、ハスでは幹枝が水底の泥中にあって横に匍匐《ほふく》して居るのです。かくの如《ごと》く泥中や地中にある幹枝を、学問上では根茎とも言えばまた地下茎とも言います。それゆえ通常世人が称する蓮根なるものは、学問上より言えば地下茎一名根茎と言わねばなりません。またこの蓮根を雅に言えば蓮藕また単に藕とも称えます。

この蓮根の食用に供する部は、諸君が知る如く肥厚して居るが、しかしハスの地下茎はその全部本の方も末の方も皆かくの如く肥大であるかと言うと決して左様ではありません。すなわちその大部分は細長くて通常泥の中を走って居り、諸処に節ありてこの節から枝を分ち、また葉もしくは花を出すのです。この細長で太い紐の如き部分をハイネ（這い根の意）すなわち蔤《みつ》といいます。この蓮根のこの細長い部は余りに痩せて居るので食用とするには足らぬのでありますが、しかしその嫩《わか》き部を食すればその味がすこぶる宜しい。この細長い部は春より夏にかけて段々長く生長しその節と節との間、すなわち節間の長いものは凡《およ》そ二尺にも達するものであります。前述の如くこのハイネより葉も出せば花も出し、また節に一本ずつ互い違いに多い場合は三、四十本の枝（この枝よりまた枝を出す）を分ち、数間より長きものは凡そ二十間位の長さに伸長して遂に秋に至ってその先端ならびに枝の

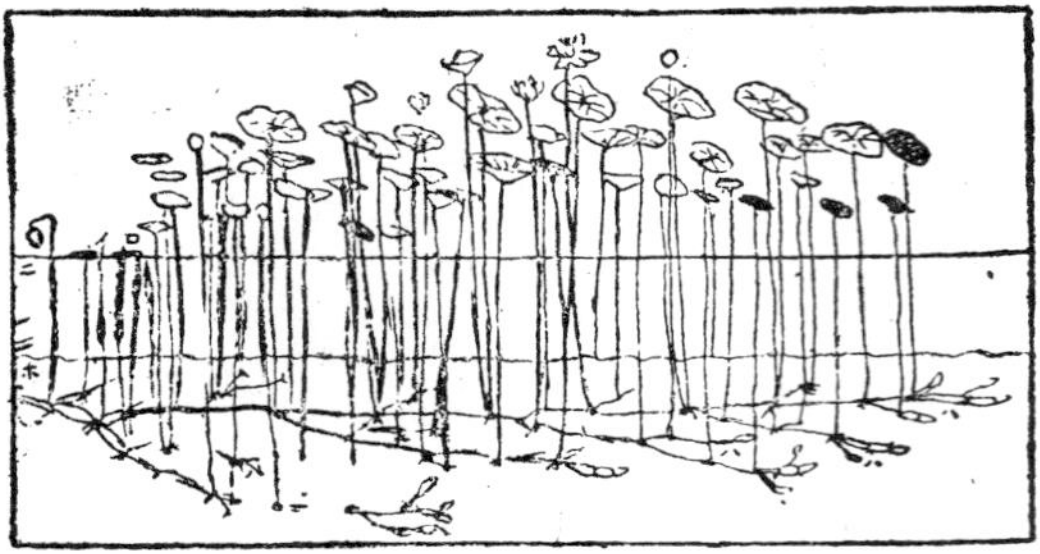

第一図　（イ）ゼニバ　（ロ）ミズバ　（ハ）蓮根
（ニ）水面　（ホ）泥、斜線ある葉はトメバ

先端の二節間位が始めて漸く肥大し（この部は泥中にて少し下さがりに向いて居る）この処に多量の養分を貯蔵して来年萌発の用意をなし、晩秋より冬にかけてその後部の痩長な部は漸く枯死しこの肥大な部、すなわち通常世人が蓮根と称して食用に供する部のみ年を越して泥中に残り、来年になればこの部の前端の芽が前年に貯蔵せられたる養分のため漸次に生長を始めて伸長し、前年の如くまた痩長なるハイネを生じて秋に至り、また前年の如くその先端に肥厚の部すなわちいわゆる蓮根を生ずるのであります。

　通常蓮根と称する部を併せての全体はこのようなものでありますが、それなればその真の根は何処にあるかと言えば、真の根は繊維の形すなわち鬚の状をなして、その根茎の節より多数に生じて居る。かくの如き繊維状、すなわち鬚状をなした根は学問上でこれを繊維根、一名鬚根と称えます。

　蓮根を切れば多少白汁が出ます。そしてそれに大小幾条かの孔が通って居る。この孔は細胞の間の空隙で自ら気道を作って居って、その大小数条の気道の排列には自ら一定の規定があります。すなわち第二図（上）に示すが如くその蓮根の上になって居る処と、その下になって居る処とはその孔の排列が違うから、その孔の状を見れば、直《す》ぐにその蓮根の上下が分ります。すなわちその孔は左右は同じことであるが、上下はその大小排列が違って居ます。上の方に小さき孔が二つあるが、下の方には大きな孔がただ一つしかありません。ハイネを切ってもまた同様であります。（第二図下の右）

蓮根を採るには白花のハスの方が宜しい。観賞用としては多くは紅花の品を植えています。蓮根が出来て最早《もはや》掘ったらよい時分には泥がヒビ割れる程に水を排除せば蓮根はよく固まります。またハスを栽え付くるには、その前年の蓮根を掘らずに置いて春の八十八夜の前後十日すなわち八十八夜を中にして凡《およそ》二十日位の間にこの掘らずに種に残して置いた蓮根を掘り来ってこれを栽え付けるのですが、その蓮根を横に泥中に入れ少しく後方に曳いて置くのです。この蓮根は後部は少々泥中より出て居っても差支えはないが、前端すなわち芽のある方はよく泥中へ埋め置かねばなりません。この種《たね》蓮根は一坪に

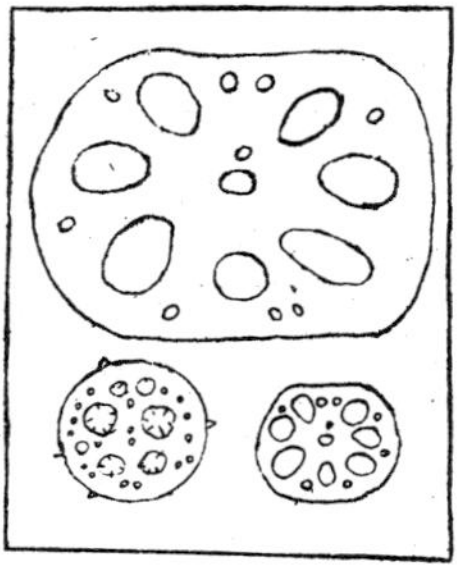

第二図（上）蓮根の切口
（下右）ハイネの切口
（下左）葉柄の切口

凡三、四本栽えるのであります。

支那バスは、蓮根の節間が短くて肥大して居る。東京の市場で普通に売って居って支那バスあるいはチャンバスと呼んで居り、東京附近の地に作ってこれを市内へ持ち込むのです。その蓮根の肉は煮れば柔くなり世人は余りこれを歓迎しません。花は紅白淡紅の三品があります。このハスは明治九年〔一八七六〕に支那から渡り来ったものであって、その詳細の記事が明治十二年三月博物局発行の『博物雑誌』第三号に載って居ます。

ハスの葉はいわゆる荷であって、前述の蓮根、すなわち地下茎の上に生じますが、春前年の蓮根の中央の節に出ずる葉は形が小くて水面に浮んで居ます。これをゼニバすなわち荷銭と称えます。これに次で旧蓮根の前方の節より出ずる葉は形ちがやや大きくこれも水面に浮んで居ます。これをミズバすなわち藕荷と唱えます。それから後の葉は右の旧蓮根の前端の伸長して出来た新地下茎より出ていわゆる芰荷といって水面に浮ぶことなくて、皆水面上に出でて居り、その大なるものは数尺の高さに達します。一番終りの葉は少々形ちが小くてトメバと称えます。このトメバは熟視すれば直《す》ぐに他の葉と見分けがつきます。このトメバが出たらその前方に肥大の蓮根が出来た証拠で、蓮根を取るにはこのトメバを見て掘るのです。このトメバの裏面はよく紅色をさして居る。これらの葉は皆ハイネすなわち地下茎の節より一つずつ出て、かつ各長き葉柄を具《そな》えて居ます。この葉柄はかく地下茎の節より出ずるものだが、この節には数片の始め白色後黒色になる膜質の大なる鱗片が

第三図　幼き小刺

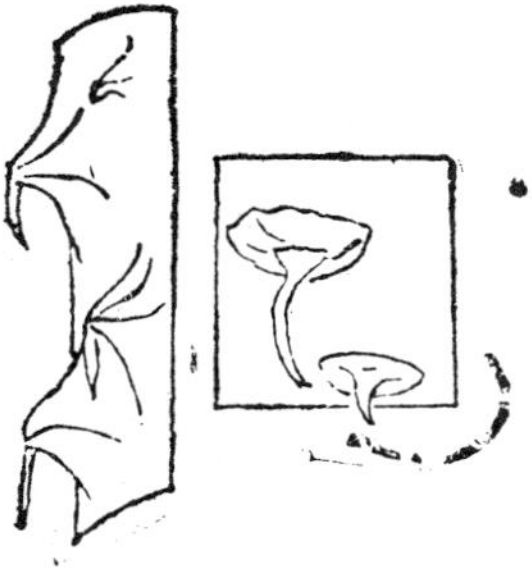

第四図　老いたる小刺

生じて居ます。葉柄はゼニバ及びミズバのものは瘦せかつ弱いが、タテバのものは強くて直立し円柱形をなしてその表面に小刺を散布して居る。この小刺はやや下に向いて居り多分自体を保護する為に出来て居るのでありましょう。この葉柄の内部には数条の孔が通って居ます。この孔は蓮根とその性質が同じことで、やはりこれも細胞間の空隙で気道である（第二図下の左）。この孔の排列が背部と腹部とで違って居ることは恰《あたか》も地下茎のそれに比して同様であります。またこの孔の内面にはその壁面に疎に毛が生じて居ることはこれを裂いて見ればよく分ります。しかし地下茎の方には毛がありません。またこの葉柄を折って見れば苦き白汁が出ます。また無数の至細な糸が引出されます。すなわち昔藤原豊成の女、中将姫が和州当麻《たいま》寺《でら》にあるハスのこの糸で曼陀羅を織ったと言い伝えられて居ま

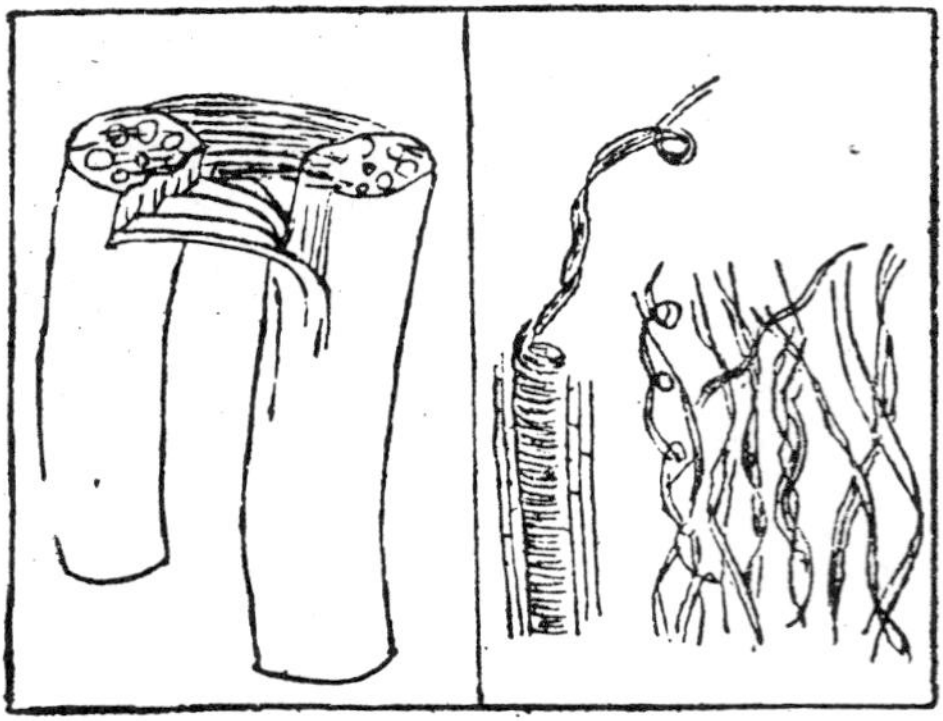

第五図　（右）蓮の糸　（左）ハイネを折りたる状

す。この曼陀羅は横凡《およそ》三尺許《ばかり》にして、極楽の諸仏の図を写し著わしてあります。この糸は恰も蜘蛛の糸の様であるが（第五図の右）これはその葉柄の組織の中に多き維管束中の螺旋紋導管の周壁をなしたる螺旋状をなせる糸であります。葉柄を折ればこの糸が引張り出され、螺旋状になり居るものが両方へ引かれるために伸びて出て来るものであります。また地下茎すなわちハイネよりいわゆる蓮根を通してまた同じくこの糸があります（第五図の左）。

葉面はこの長き葉柄の頂に楯形に着いてその大なるものは直径凡二尺余もありましょう。そして浅き杯形をなして天に向って居ますが、しかし通常やや前方の方に向うて居る。葉形は円いがその上端をなせる葉頭とその下端なる葉底とは直ちに見分が付く様になって居ます。すなわち葉頭も葉底も葉縁がやや凹んで、かつ小尖

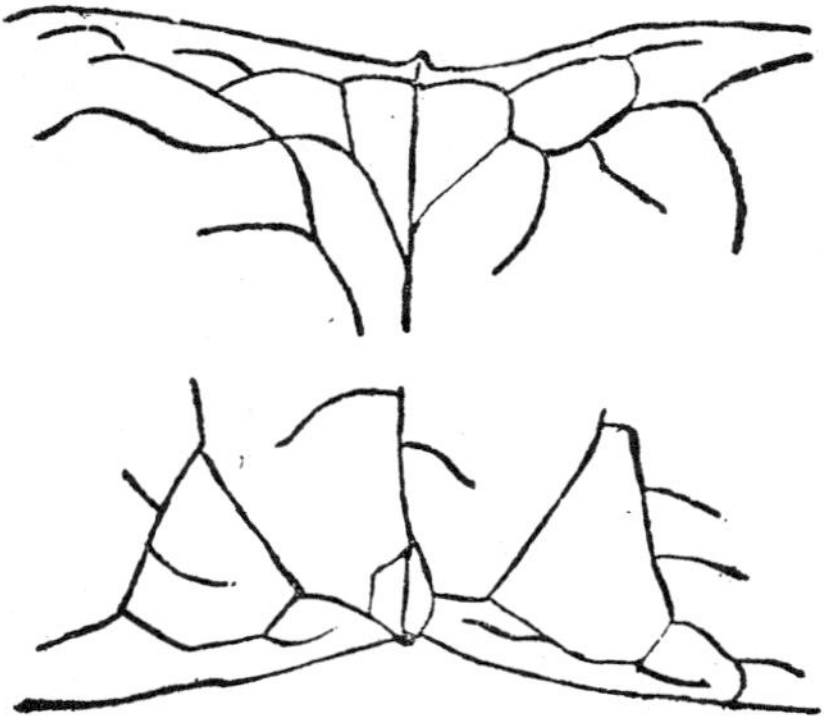

第六図　葉頭及び葉底

点があります。しかしゼニバ、ミズバの方はやや凸出して居る事が普通です。その葉頭はその葉がやや側を向く時は必ずその上部をなし、かつ地下茎の後の方に向うて居ます。その葉底すなわちアゴは必ず下部をなし前方に向うて居ります。しかしてその中央より葉頭に走る脈と葉底に走る脈とがあり、その他中央より発出する葉脈は右の葉頭葉底に走る葉脈の左右に必ず同数を以て発出して居ります。それゆえその左右より巻きたる巻き葉に在《あっ》ては葉脈は左右必ず同数で、その脈に両側とも相対して居り、すなわちその左右には各十条許《ばかり》の葉脈があって下面に隆起して居りますが、ミズバならびにゼニバには左右各六、七条の葉脈があります。

ハスの葉の表面へ雨などの水滴が落ちて来ても、少しもその表面は湿いませぬ。その水は恰《あたか》も水銀の如く光を放って遂に葉面より転げ落ちます。かくの如くその表面は少しも湿わず、かつその水滴は珠玉の如く光を放つのはいかなる訳かといいますと、これはその葉の表面に細微なる刺状の突起（表皮の細胞の一方上になってる方が突き揚がって居る）が沢山あり、仮令《たとい》水滴がその表面に堕ち来てもその小突起の間に空気があるので、水をして葉体に膠着せしめないからであります。またその水滴に光りのあるのは、その水滴が件《くだん》の空気の触接している表面が恰も鏡の如く強く光線を反射するからであります。サトイモの葉の表面もまたこれと同様、その表面に細突起があってその表面に堕ちる水滴を同じく珠玉の如く見せるのであります。この浄き水の白ら玉を左の如く詠じたるものがある。

濁りある水より出てゝ水よりも浄き蓮《はちす》の露のしら玉

ハスの葉には、一種の香気があります。物ずきな人は時に飯にこの香気を移して楽しんで居ます。夜間ハスの生えている池辺を逍遥すればこの香気が忽《たちま》ち鼻を撲《う》ち来りて頗《すこぶ》る爽快を覚えます。

ハスの花は古人は花之君子者也とか世間花卉無踰蓮花者とか言って誉めそやして居ます。いわゆる菡萏《かんたん》（蓓蕾《ばいらい》の時をかく言うともいう）は長き花梗を有し、葉と共に一個ずつ根茎すなわち地下茎の節より出ています。その位置は葉柄の腋にあるのでなくて却ってその背の方にあって鱗片の腋より出て居る。すなわち節上に葉一個と花一個とが出ています。そして高く水面上に抽《ぬ》きなお葉より高く出ずることが多い。花梗は葉柄とその形状大小が同じで、やはりその表面に小刺があります。かくの如く葉もなくただその上に花ばかりある花梗をば学問上では葶と称えます。

花はその葶の頂端に一個宛《ずつ》ありて甚《はなは》だ大きく、花色は紅色のものが普通でありますが、また白色のものがあります。また花色にも濃淡等ありて園芸家は種々の品種を作って居ります。白色のものは蓮根のよいのが出来ますから、蓮根採取用として処々に植えられています。

花は黎明の前後に開き午後には閉じるのであります。四日間かくの如く開閉して終りに開いたまま、花弁は散落します。世人はハスの花が早朝開くとき音がすると信じて居るが、そんなことは決してありません。これはその包むが如き花弁の開くときポッと音がする様に想わるる迷誤より来ったる説で、実際には決して音はしません。またある人はそれは開花に際し花弁のすれ合う音だと言うけれども全く牽強附会の説であります。花は萼と花弁とを併有するが、萼片と花弁とはその境界が判然しません。外部の四片は勿論《もちろん》萼片であり、内部のものは花弁であります。花弁はその数がすこぶる多く、二十枚位あり長楕円形で内にかかえ、かつ縦に皺があります。萼片は花弁より短くかつ早く散落します。

雄蘂は多数ありて放大せる花床すなわち花托の下に多数相生じ黄色を呈し、葯の上部は棍棒状の附飾物となって居ます。

子房は、数が多く個々倒円錐形の大形花床すなわち花托（蓮房もしくは蜂窠と称する）の上平面の凹処に陥在し、卵円形で中に一個の卵子（誤称の胚珠）がある。この卵子は後に種子となる。そしてその背部に一個の小き突起がある。この子房には各一個の極めて短き花柱があって、この花柱は花托の表面に出て現われて居る。その花柱の末端に柱頭があって楯形をなして居ます。花がすんだあとこの子房は日を逐うて段々大きくなりて生長し、遂に楕円形の堅い果実をなすときその海綿質の花床（花托）も一層増大して、その状宛《あた》かも蜂の窠《す》に蜂の子が居るような様をなして居ることは諸君がよく知る所でありましょう。この花床すなわち蓮房が後には下に点頭して倒《さか》さまになり、その果実が段々その蓮房より離れて水中に落ちます。落つれば果実の先端が下となり、その蓮房に附着していた本の方が上になる。そうすると中の胚は丁度上に向く様になる。芽だつ時にはこの果実の尻が破れて中の芽が出るのであるが、ハスの果実は皮が甚だ硬いから、かくの如く芽だつ事が容易でありません。世人はあるいはこの大花床を果実と思い、その表面の凹処に陥在せる果実を一つ一つの種子だと思うものがあるけれども、そうではありません。この一個一個の果実はすなわちいわゆる蓮実で一見種子の様に見ゆるけれども、決して種子でなくて果実なのです。この果実は始めは緑色であるけれども成熟するときは、果皮が非常に堅くなりて革質様の殻質を呈しその色も黒くなります。この時これを石蓮子と称えます。この緑色の時は内部の種子なお未熟の際ですから柔かで生で食べられます。この種子は果実の中にただ一個あってその種皮は甚だ薄い。この薄皮内の白肉は味が甘いがこれはいわゆる蓮肉であります。この蓮肉は学問上でいう子葉で、元来二片より成り、多肉で半球形をなしその辺縁は相接着して球形を呈し、その中部は空洞となり、そこにいわゆる薏《よく》と称する緑色の幼芽があります。この幼芽は味が苦いからまた苦薏とも称えます。この苦薏は学問上の語は幼芽であって、二枚の幼き葉があってその葉はその葉柄が内曲して居ます。この果実を植える時砥石あるいは鑢《やすり》でその頭を磨り破るか、あるいは焙烙《ほうらく》で炒って置くときは、水が滲み込み易い故早く芽が出ます。その芽が泥中で果実を出れば既に果実中に用意せられた二、三枚の葉すなわち薏の葉は増大生長して可愛らしい円形の葉面（ハスの葉は始めから全く円形で決してオニバスの初生葉の如き一方に裂け目がない）を水面に浮べ（ハスにはカワホネの様に全く水中に沈在せる葉はありません）これと同時にその茎がやや長じて鬚状の根を出し、また同時に地下茎すなわちハイネを横に出して日を逐うて延長し、その節々より鬚根を生じ、また葉を出しこの葉は水面上に抽き出ずるのであります。

ハスの果実は、蓮房すなわち花床（花托）の上面の凹窠の中に寛《ゆ》るく座って居って、成熟の時分その蓮房を振ればガラガラと音がする。しかし俳人がこの果実すなわちハスの実がポンと音して自然に蓮房より遠くへ飛び出る様に想うて居るのは誤であります。チョット飛び出そうに見えるから早合点してそう想ったのであろう。「蓮の実と思ひながらも障子明け」と詠じたのは実況ではありません。

ハスの種類の中に観音蓮と呼ぶものがあります。これは葶すなわち花梗の頂に二ないし五花許《ばかり》集りて開くもので、花弁相層《かさな》りて八重咲をなし、花心に蓮房がない。それゆえこれは実が出来ない。前に述べた彼の中将姫が織ったという曼陀羅はこのハスの糸を以て作ったとの事であります。

また通常の蓮花で、梗頭に二花開くものを並頭蓮といって居る。これは別に特別の種類でなく、ただハスの一時の変形である。東京上野公園の不忍池にはハスが沢山あって、年々無数の花が出るが、かくの如き変形物は稀れに見受けるに過ぎません。

ハスはまたハチスという。ハスはこのハチスの言葉の縮んだものである。しかしてハチスは元と上に記したる蓮房の形より来たものであります。蓮の字は元来はハスの花床（花托）の名であるが、今は通常その全体の名に用いられて居る。芙蓉というはハスの一名であるが、今世人が芙蓉と呼ぶものは元来は木芙蓉なので、これはゼニアオイ科中の一灌木の名であります。花が大きくかつ美麗であって、ハスの花の様だからこの植物を木芙蓉と呼んだもので、これと混雑を避ける為にハスの事を水芙蓉とも草芙蓉とも言って、この両者を区別して居ります。

ハスは日本でも古くから作って居りますが、無論原《もと》は他国から渡りしものであります。隣邦の支那にも往昔より栽培して居るが、しかしその原産地は天竺すなわち英領の印度なので支那も始めは固《もと》より同国より輸入したものでありましょう。なおハスはペルシア・マレー群島ならびに濠洲にも分布して居ります。

支那のハスは、前にも述べたように蓮根の節間が短くて太いが、我邦に往古から栽培せられて居るものは、諸君が知らるる如く節間が長く延びて居る。我邦のも元は支那産のものの如く切迫せる節間を有せるものであったのでありましょうが、永き年の間泥及び水などの状態のため、漸次にその原形を変じて遂に今日の如き痩長形のものとなったのではないかとも思いますが、これは正確の考えだか架空の説だか、今少しよく詮索せねば分りません。

始めこのハスはヒツジグサ属すなわちNymphaea属だと学者が思って居ました。それゆえその時の名はNymphaea Nelumbo L.であったが、後ちこの属のものでないことが分って別にハス属が設けられました。それゆえ今はその名をNelumbo nucifera Gaertn.と称し、一名をNelumbium speciosum Will l.といいます。またNelumbo indica Poir.ならびにNelumbo javanica Poir.の異名があります。このネルンボすなわちNelumboは印度セイロン島でのハスの方言であって、直《す》ぐこれを採ってその属名にしたものであります。北アメリカには黄花を開くハスがあります。これは固よりアジア方面のハスとは異って、花色が黄色であるから園芸品として我日本へ輸入したら大いに喝采を博することでありましょう。この黄花のハスはその名をNelumbo lutae Pers.と称えます。ハスについてなお詳説すべきことは多々ありますが、これは他日に譲るとします。しかしてその中で一番世人の蒙を啓きたいことはハスの花も葉もその真相がよく分らず、またその根を総ていわゆる蓮根だと思い違えて居り、否な寧《むし》ろ見ずして空想を逞《たくま》しうして居ることであります。ここに至っては文字ある学者先生でも事実を知り居ることについてその多くは、文盲なるハス掘り奴に及ばぬのであります。

〔補〕以上叙する事実は今から三十三年前の明治四十二年〔一九〇九〕に世に公にしたもので、この様に蓮についての種々な事柄をほとんど残りなく詳《つまび》らかに知っていた世人は当時まだ世間には無ったのである。そして右の文章によってそれが始めて明瞭になった点が多い。今その一例を挙ぐれば蓮の花は彼の多肉な蓮根から出て咲いているという謬想を打破してこれを是正した類である。

満洲国皇室の御紋章と蘭

昭和十年〔一九三五〕四月八日発行の『東京朝日新聞』紙上に「聞くもゆかしき御紋章の由来、御晩餐会で皇帝が御説明」との見出しで、満洲国皇室の御紋章に関する記事が出ていた。それに拠《よ》ると、この御紋章は彼の「二人同心、其利断金、同心之言、其臭如蘭」の古語に基いて選ばれたとの事であると拝察した。

ところが、世間の誰れもが、この古語に在る蘭を今日いう蘭科（Orchidaceae）植物中の、いわゆる「蘭」だと早合点して、皇帝の御旅情を御慰め奉るに、寒蘭だの、一茎九華だの、素心蘭だの、金稜辺だの、駿河蘭だの、春蘭だのの Cymbidium-Orchids 類の盆栽を御清覧に供したと、これもまた、当時の新聞紙が報道していた。

これらの蘭を御覧に入れるという、我国民の真情は、誠に蘭花のように香《かぐわ》しい極みである。が、その蘭の実物を誤っている事は、実は滑稽至極で、誰れか世間に一人ぐらいは、その蘭という者の真物（正品）を知っていそうなものだが、一向にそんな気合も見えず、誰れも彼れも、右の Orchidaceous Plant の蘭で騒いでいた。私はそれを側面から望み見て、それは誰れもよく言うように、世の中は存外甘めえもんだナと独りでそのおかしさを嚙み潰していた。

エヘン、そんならその古語、すなわちこれは『易経《えききょう》』に在る辞《ことば》だが、「其臭如蘭」と云うこの蘭は抑《そもそ》も何か。それは正に菊科植物に属する Eupatorium 属中のフジバカマよ。すなわちかの山上憶良の咏んだ秋の七種の中のフジバカマと同品である。

このフジバカマ（学名は Eupatorium stoechadosmum, Hance）は、支那にもあれば、また我が日本にもある宿根草で、つまりこの両国の土産植物である。我邦では支那と同じく往々観賞のため、庭園に植えられてある事があるが、関東地方では利根、荒川河畔なる細砂土の処には野生している。支那は揚子江、黄河の大河が平野の間を串流し、大小の支流もあって、その辺に水寰区《すいかんく》が多いから、従ってこの草は極めて普通に生じているであろう。故にそれが、支那人には最も知り馴れた草であろうという事が想像せらるる。こんな事で同国人は、既に上古からしてこの草につき関心を持っていた次第である。

その結果、支那人は旧《ふる》くからこの草を熱愛した。それはその草状が佳《よ》いという訳ではなく、その草に含んでいる香気を愛でたのである。

実際この草には香気がある。それは生の時、その茎葉を採めば、既に一種の香のある事が分るけれど、しかしその時は左程《さほど》佳くは感じない。けれども、一たびその草を刈り来って、試にこれを室内へでも懸けおく時は、それが萎《しな》びるに従い、忽《たちま》ち一種の佳香を放つものである。そしてそれがかなり久しく続いて、幾日も幾日も香っている。その香いは何となく甘たるくて、すこぶる鼻に佳い。

前に述べたように、支那人はひどくこの香いを貴んだ。そこでその嫩葉《わかば》を採みて髪の中にしのばせ、あるいは油に和して婦人の頭に伝え、あるいは体に佩《お》び、また湯に入れてこれに浴したものだ。ゆえに、一にこれを香草と称え、香水蘭と呼んだのである。そしてなおお女蘭、燕尾香、都梁香、または千金草などいろいろな異名を有している。

このフジバカマなる蘭が、すなわち前に言ったように『易経』に在る「其臭如蘭」とい

下図は『本草綱目』所載の図である

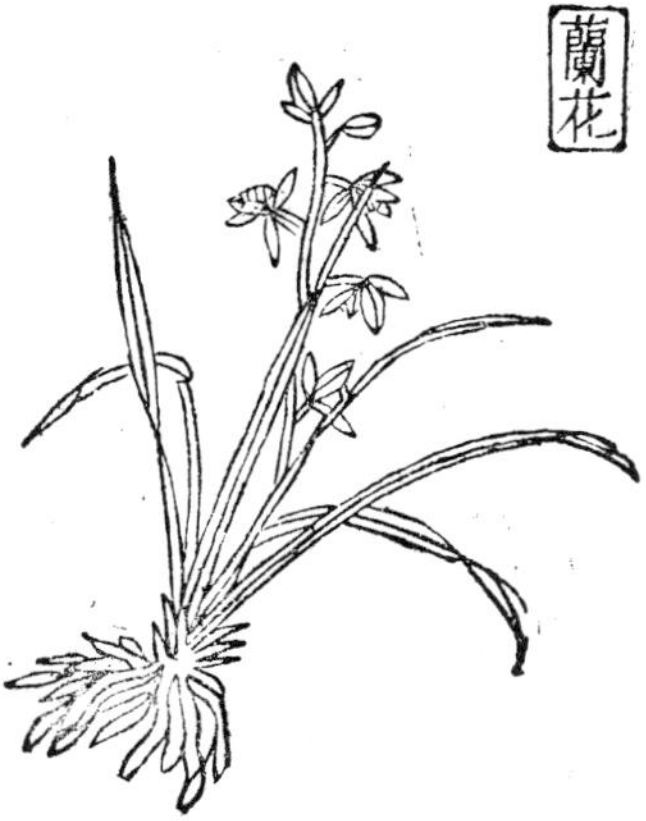

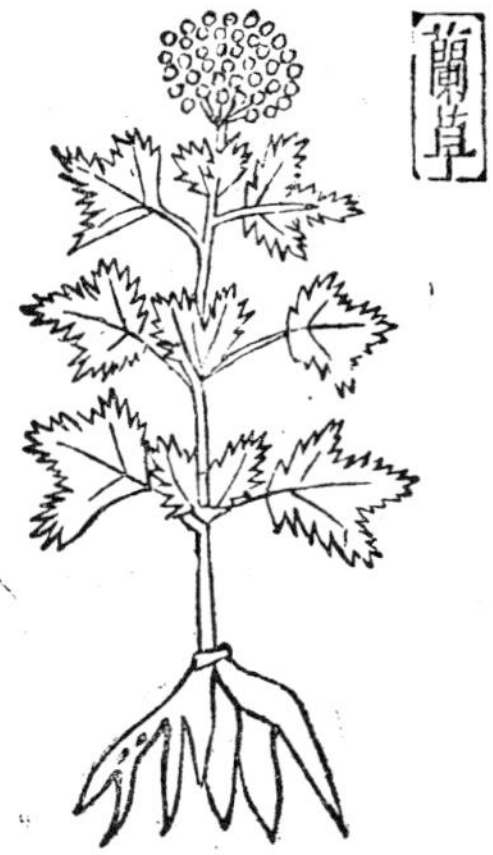

うものだ。その他『礼記《らいき》』に「茝蘭ヲ佩《はい》帨《ぜい》ス」と言い、また「諸侯ハ薫ヲ贄トシ大夫ハ蘭ヲ贄トス」と書き、『楚辞《そじ》』に「秋蘭（同名あり）ヲ紉《つ》ギテ以テ佩ト為ス」と出で、また「余既ニ蘭ヲ滋ウルコト九畹《えん》ナリ又蕙ヲ樹ウルコト百畮《ほ》ナリ」とも出で、『詩経』には「士ト女ト方ニ蕑ヲ秉ル」（蕑はすなわち蘭である）とあり、『漢書《かんじょ》』には「蘭ハ香シキヲ以テ自ラ焼クナリ」と書き、『西京雑記』には「漢ノ時池苑ニ蘭ヲ種ヱテ以テ神ヲ降シ或ハ粉ニ雑ヘテ衣書ニ蔵メ蠹《と》ヲ辟ク」と出で、また『風俗通』には「尚書ニ事ヲ奏スルトキハ香ヲ懐ニシ蘭ヲ握ル」とあるものは皆、何れもその蘭はすなわちフジバカマの蘭である。

世が降《くだ》って、世人は漸くOrchidaceous

Plants の蘭を愛好するようになったが、元来これに用いてあるこの蘭の字は、彼の香草であるフジバカマの蘭の字を借用し来ったものであって、つまり無断でコッソリと失敬したわけだ。こんな事で、兎《と》も角《かく》も旧の蘭と新の蘭とが二つ出来たので、何んとかその区別をせねばならぬハメに陥ってしまった。そこで学者が采配を振って、一方のフジバカマは全草に香いがあるというのでこれを蘭草とし、一方の Orchids（主として Cymbidium 属のもの）は葉には全然香いがないが、その花には香いがあるというのでこれを蘭花として、その両者間の混雑を防ぐべくケリをつけた。

このようにこの Orchids の方の蘭は後世のものであるから、昔からの蘭（フジバカマ）を、この者と思うのは極めて非である。しかし、今日世人は大抵これを悟らず、皆涼しい顔を並べている。

今、上に叙した所を以てこれを観れば、蘭の問題はすこぶる簡単で、かつ、判然たるものであろう。そこで Orchids の方の蘭、すなわち蘭花は春蘭で、秋蘭（『楚辞』の秋蘭は別である）の二つを併称したものであって、今日愛蘭家が言っているように、春蘭が蘭で、秋蘭が蕙であるという事は決して正しい区別ではないのである。しかしこれは「一幹一花ヲ蘭トイヒ一幹数花ヲ薫トイフ」（薫は蕙と同物）と書いている黄山谷《こうさんこく》の説には一致すれども、この山谷の言う所は蘭花に対し牽強《けんきょう》の種別法を出したものだとして、支那の識者は非難している。要するに黄山谷の説は的を外れていて、取るに足らぬという事になる。

今日世人がよく、蘭蕙と熟し呼んで蘭に用いている蕙の字は、本は決して Orchids 植物の名ではなく、これは、唇形科に属する Ocimum sanctum, L.（和名カミメボウキ）すなわち薫草、または零陵香という者の一名である。この者は、佳香のある草であるから、それで Orchids 植物の方へその名を借用に及んだものたるに過ぎない。このカミメボウキも、昔早く支那で栽培していたものと見え、既にそれが『楚辞』に載っている。

以上述べた所で観れば、満洲皇室の御紋章は、少しも Orchids の蘭、すなわち蘭花と関係が無いというその事実が判ったであろう。

竹の花

禾本科植物中特異の状貌を呈して殊に喬木あるいは灌木を成す者、これを竹の一群となす。他の禾本類多くは草状を成すに反して独り前述の状態を呈するは竹類の特性というべきなり。かくの如き竹類相集りて禾本科中に一科を構成し、これを竹小科という。その品種極めて多くして、止《ただ》に日本、支那地方に生ずるのみならず、印度にもあり、「ジャバ」島にもあり、「フヒリッピン」島にもあり、安南にもあり、「ニューカレドニア」島にもあり、「マダガスカル」島にもあり、また北亜米利加《アメリカ》及び南亜米利加にもありて、その蕃生せる区域甚《はなは》だ広大なり。しかれどもその産する国土を異にするに従い、その品種すなわち植物学上にいわゆる種《しゅ》（Species）を異にし、特に殊域の品に在てはなお多くはその属（Genus）を同じくせず、しかしてその世界の竹類を彙集《いしゅう》せばここに約《およ》そ二十有二の属を算《かぞ》うを得べし。

かくの如く地球上幾多の竹類は上述の如く、これを二十二属に綜《す》ぶるを得べく、これらの諸属は更にこれを四族に大別するを得べし。故に竹小科はこの四族より成るを知る。四族とは（一）女竹族、（二）刺竹族、（三）麻竹族、（四）「メロカンナ」族すなわちこれなり。

今本邦所産の竹を基となしてその状の梗概を記せんに、竹は多年生の喬木あるいは灌木なり。漢人は「似レ木非レ木似レ草非レ草」と言いまた苞木と称す。根茎すなわちいわゆる鞭は横走してあるいは長くあるいは短く通体節ありて節上に根を輪生す。稈はすなわち竹竿にしてあるいは根茎の節より生ずるあり（例、ハチク、マダケ等）、あるいは根茎の末端直ちにこれを成すあり（例、ネマガリダケ、ホウオウチク等）、以て高く気中に挺出す。その幼嫩《ようどん》なる時はすなわち筍にして筍の外を包みてこれを保護する鞘を籜という。籜の頂常に一個の鱗片を具《そな》う。これすなわち不発育の葉にしてこれを鱗葉と称す。稈は円柱形を成して数多の節（すなわち約《よう》）あり、節と節との間を節間といい、その内部は常に多くは中空なり。節上に枝を出しその枝は各節に常に一なるあり（例、ヤダケ、クマザサ、スズダケ等）、あるいは二なるあり（例、マダケ、ハチク、モウソウチク等）あるいは多数なるあり

(例、メダケ、シカクダケ等)。枝上に多く小枝を分ち、小枝の末梢に葉を着く。葉は大抵常緑にして冬月もなお緑なり。小枝の両側に相並びて二列を成し、その形ち常に狭長にして末尖り辺縁糙渋す。種類によりて大小一様ならず。小なる者は一寸に出入し大なるものは一尺に超ゆ。裏面あるいは毛あり、あるいはこれなし。一の中脈その中央に縦貫し、数条の支脈その両側に平行し、その支脈の間通常細脈横にこれを繋ぎ、以て細微なる方眼状を呈す。葉は下に鞘ありて、その形狭長かつ小枝を包めり。鞘の頂に一鱗片を具う。これを小舌という。小舌の両方に当て往々始め剛毛を具うと雖《いえど》もこの毛は大抵後に至て落ち去るがゆえに老葉にはこれを見ざるを常とす。

竹も植物の一なれば遂に花を出さざるの理なし。竹に花の出ること熱帯地方に在りては普通の事に属すと雖ども、それこれより高緯度の地方に生ずる者に在ては仮令《たとい》よくその土に適して繁茂し、土地固有の産を成すと雖ども、容易に花を出さざる者あり。すなわち我邦の竹の如《ごと》きその普通に花を出す者は実に僅々の種類にして、その他は容易にこれを出さず、それこれを出すやこれ稀有の現象にして、吾人がその花に逢着《ほうちゃく》するは実に偶然の事に属す。中には遂に一回もその花を見ざるの品種あり。学問上竹の品種を定むるに当り、その花最も必要なるに遂にこれに出会わざるが為めに、到底その品を確定すること能《あた》わざるものありて、現今本邦の竹類はその学問上の名称為めに大いに混乱せるものあるを見る。また竹は年所を経れば必ず花さくものなるかというにあえて必ずしもしかるに非《あ》らず。殊

（第一図）

に本邦の竹類に在てはそれ生じて籜《たく》を解きてより遂に枯死に就くに至るまで、その寿命を保つの間仮令《たとい》幾年の星霜を歴《ふ》るも遂に花を出すことなくして止むもの少なからず。かくの如きの竹ある機会に促がされて一朝花を着くるに至れば、あえてその稈の老幼に関せず、皆悉《ことごと》く花を出し、満枝一として花ならざるなく、花終てその稈遂に枯死に就くもの比々《ひひ》皆然らざるなし。それ花を出すの状態他の植物に比してその不規則なる、実に驚くに堪えたり。

（第二図）

本邦に在て殊に花を出すこと稀れなる竹はマダケ、ハチク、モウソウチク、ヤダケ、ホウライチク、トウチク、ナリヒラダケ、カンザンチク、タイミンチクならびにオカメザサ等にしてそれ未だ吾人の遂にその花を見たることなき竹はシカクダケなり。また時々花を出すことある者はメダケ、ハコネダケ、カンチク、スズタケ、チマキザサ、ネマガリダケ等なり。

竹の花は皆風媒花に属すること他の禾本諸草の花に於けるが如し。ゆえにその花に美色なくまた花粉に粘気なし。その花粉かくの如き状態なるにより風の動くに信《まか》せて容易に散乱し、またその柱頭はその花粉を受くるに便せんが為めにここにその体を長くし、かつその体を通じて毛を生じ以てよく来り落つる花粉を抑留するなり。

竹は既に前に述べし如く全く禾本科の一なれば、その花の状もまた他の禾本諸草のものと異ならず。しかしてその花序は大抵円錐状を成して相集りその花群すなわち花叢は竹の種類の異なるに従いて大小疎密ありて敢て一様ならず。今ここにまずメダケの花を示さん。第一図はその花叢なり。この花叢よりその花穂の一を取ればすなわち第二図に示せるが如きものを得べし。すなわちメダケの花叢はかくの如き花穂の相集りて成れるを知る。この花穂はメダケのものには下に小梗すなわち小き柄あれども他の種類によりてはまた柄なきものあり。また柄に長きものありてある種に在ては時に数寸の長さに達するものあり。この花穂は植物学上にてこれを小穂または蘂花と云う。小穂には第二図中の「ロ」に示すが如く小軸と称する中軸ありて、その中軸の両側に互生して二列に相并《なら》ぶものは、すなわちこれその花なり。小穂はすなわちこの花を集めて成るものにしてその花の数は竹の種類の異なるに従いて一様ならず。あるいは疎に並ぶあり、密接して列なるあり、しかるにその小穂の最下にある二片はこれ花にあらずして単に鱗片なり。すなわち第二図中の「ホ」「へ」これなり。今これを分離し以てその形状を示せば図中の「ハ」「ニ」の如し。これを

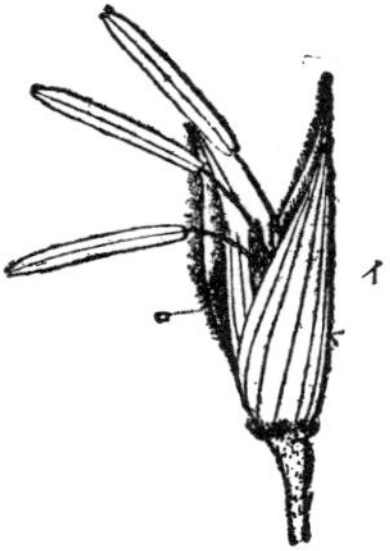

（第三図）

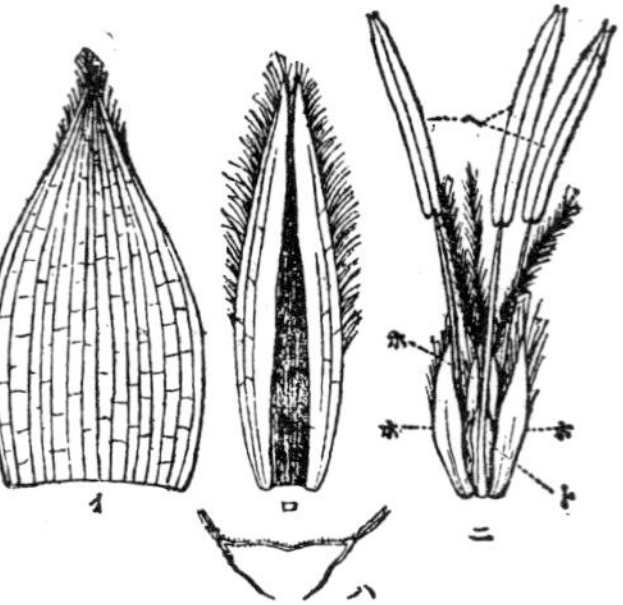

（第　四　図）

苞穎と称し、その下なるを外苞穎といい、その上なるを内苞穎という。この苞穎は大抵その外は小にして、内は大なり。また種類によりてこの苞穎ただ一片のみなるあり、あるいは時に欠如して見えざるものあり。

花は第三図に示すが如し。この花は正に開綻せる状にして、中より蕊を吐出しまたその両片開けりと雖《いえど》も花了《おわ》りたるときは、その両片閉合し、すなわち第二図中「イ」なる小穂の上部に示せるが如き形状を表わすなり。

花は図上に示すが如く「イ」「ロ」の両片より成る。その「イ」はこれを花穎と称して外部に在り。その「ロ」はこれを稃穎と称して内部に在り。今各別に分離してその状を示せば、すなわち第四図中の「イ」ならびに「ロ」の如し。「イ」は花穎にして「ロ」は稃穎なり。しかしてその内方より見たる状を示す。「ハ」はこれを横截して以てその畳める状を明《あきらか》にす。

花穎は孰《いず》れの種類のものに在ても縦脈ありてその数は竹の種類の異なるに従い一定ならず。またその形状ならびに厚薄等も相同じからずと雖も大抵洋紙質あるいは膜質をなしかして上端は尖るを常とす。また毛あるあり、毛なきあり、メダケに在てはすなわちその毛ほとんどこれなし。

稃穎は大抵膜質を成しその両縁、内に包み背部に二条の縦脊あるを常とす。この脊上にメダケに在りては図上に見るが如く著しく毛を生ずれども、また他の種類に在ては毛に多少ならびに長短あり、あるいは全く毛なきものあり。

この花穎と稃穎とは果実すなわち穀粒の成熟するまでこれを保護し、遂に穀粒と共に落つ。米の稃はすなわちこの花穎と稃穎となり。

花中の底には上の花穎と稃穎とに次で小鱗片あり。すなわち第四図中の「ホ」「ホ」「ホ」これなり。普通の禾本にはこの小鱗の数多くはただ二片のみなれども、これメダケ及び多くの竹の種類に在ては大抵常に三片あり。これを被鱗と云う。すなわち花被に相当すべきものなり。禾本類の花に在てはその花被皆かくの如く縮小して小鱗片と成り以て花底に潜めるなり。

この被鱗に次で存せるものを雄蕊とす。すなわち第四図「ニ」の「ヘ」に示すが如し。この雄蕊は被鱗と互生す。これ宜しく注意すべきの点なり。メダケに在てはかくの如く三

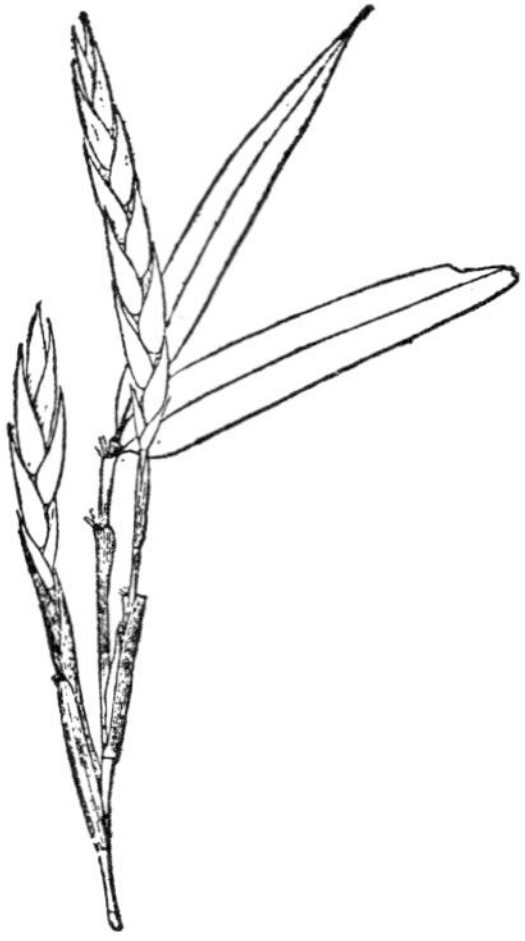
第五図

個の雄蕊あれども、下に示す所の他の竹類に在ては中には六個のものあり。竹はあるいはなおこれより多くの雄蕊を有するものまた無きにあらずと雖も、大抵は三個もしくは六個にして、殊に本邦の竹類は三個を有するにあらざれば必ず六個を有するなり。雄蕊には花糸ならびに葯を具《そな》うること普通の花に異なることなし。しかしてその花糸は皆糸状を成して弱く種類により て長短あり。葯は常に線形にして黄色を呈し、他の禾本諸草の如く丁字様を成さずしてその底部を以て花糸に連なれり。

雄蕊に次で花の中央に雌蕊一個あり。すなわち第四図「ニ」の「ト」の如し。諸種の竹皆しかり。その下部放大せる処は子房にしてその形小に後穀粒を成す処の者なり。故に穀粒は種子に非《あら》ずして果実なり。果実の皮はすなわち糠なり。他の普通の禾本類皆しからざるなし。故に玄米は果実にして種子には非らず。白米は舂《つ》きて果実の皮と共に種子の皮をも併せ除きたるなり。時に胚もまた去りてただその胚乳のみ残れり。吾人はこの胚乳を炊きて飯と成し食て以て生命を維持しつつあるなり。

またメダケの子房の上には花柱三個ありて相合して一となりその上部全く三条に分かれて柱頭を成し、柱頭には毛を生じて羽毛状を呈し、既に前に陳《の》べし如く以て花粉を抑留する為に便なる装置を成せり。メダケに在ってはすなわちかくの如く三個の柱頭を有すれどもまた種類により二個のものあり。しかれども大抵は三個のもの多し。

メダケに最も近き縁を有するものにはハコネダケあり。この竹はメダケより小にして相州箱根山近辺に最も多し。故にハコネダケと云う。その稈は煙管《きせる》の羅宇《らう》あるいは壁の骨などに使用する最も多し。すなわちメダケに次で有用の竹なり。この竹はメダケの姉妹種なれば、その花の状ほとんど全く相同じ。すなわち第五図に示すが如し。

第六図

カンチクはまたよく花を生じかつ実を結ぶ。その属メダケに相近し。その花の状第六図に示すが如し。その円錐花叢は疎にしてその小穂は数少なく、かつ狭長なり、花はメダケよりは一層細小にして、かつ疎々に小軸の両側に互生し、その色紫を帯ぶ。花穎稃穎に毛なくしかして花中に三雄蕊あり。柱頭は殊に二個あり。次にホウライチクの花を示さん。この竹は日本の中部以南の地に繁茂し、常に栽植せらる。しかして往々籬《まがき》となせり。土佐にて土用竹という。その根茎短きが為めにその稈は一処に叢生し、あえて

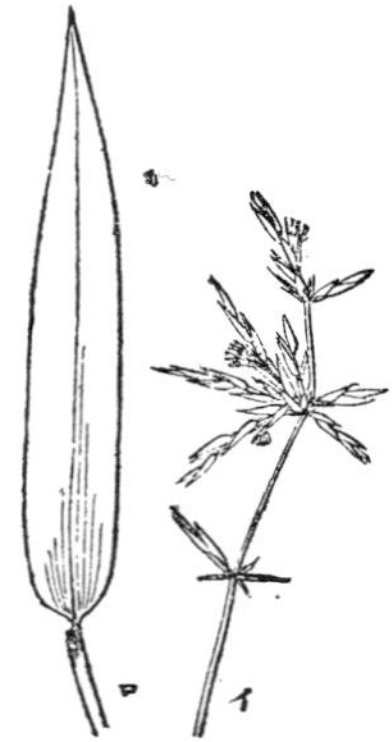

第七図

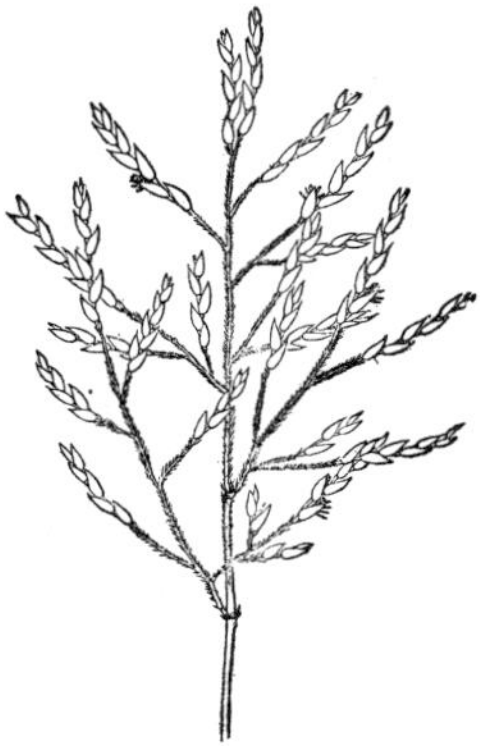

第八図

遠く鞭を引くなし。その稈は火縄を製しその葉はすこぶる美なり。裏面殊に白色を帯ぶ。この竹の花は常に見るを得べからざれども時にこれを出すことあり。その小穂は不整に相集りその花メダケよりは大にして今これを廓大《かくだい》して示せばすなわちその状第九図中の「イ」の如し。花穎及び稃穎に毛なく、また花中に六雄蕊ありてメダケの三雄蕊なると同じからず。子房には上部に短毛あり。第六図中「ハ」の如し。被鱗は三片ありて花中に潜む。今その一片を廓大してこれを示せば、すなわち同図中の「ロ」の如し。この竹の一品にホウオウチクあり。葉小にして甚だ可憐なり。また籬とす。吾人は未だこれが花を見ずと雖《いえ》ども、その状蓋《けだ》し必ずホウライチクの如くなるべし。

これに台湾産なる刺竹の花を示すべし。す

なわち第七図「イ」の如し。この竹は同島に在て大竹を成し稈甚だ高し。土人は住家の周囲に栽えて保障となす。その下部に横出せる枝には刺《とげ》あり。刺はすなわち小枝の短縮せるものにして多少逆向し人衣を拘《こう》して甚だ煩わし。かくの如き刺あるの竹は熱帯地方には珍らしからずと雖ども日本の内地には未だこれを見ず。この台湾産の刺竹は植物学上にては新しき品にしてその学名の如きは発見後始めて出来しなり。すなわち「バンブサ・ステノスタキア」という。図中「ロ」はその葉の一なり。次にクマザサの花を示さん。第八図すなわちこれなり。クマザサは一にヤキバザサという小竹にして本邦普《あまね》くこれを産す。その葉縁枯白するにより著《し》るし。故にクマザサという。クマザサとは隈笹の義にして熊笹の意にあらず。この品よく松樹に伴いて画中に見る所なり。その花は図上に示すが如く疎々たる円錐状を成しその小穂には各小梗を具う。花は小穂上に疎着し苞穎は微小なり。今その花の一を廓大して示せば第九図「イ」の如し。花中に六雄蕊ありて花穎ならびに稃穎の内部に出ず。同図中「ロ」は雌蕊の全体にして「ハ」は被鱗の一なり。

　日本中部以北の深山中にチマキザサと称する笹あり。その葉最も闊大にして本邦内地産の竹類中最も大形の葉を有するものなり。越後高田より飴を包みて出すはこの笹の葉なり。この種の花はクマザサとほぼ相同じ。またネマガリダケあり、越後にてジンダケという。その筍は味美なり。シャコタンチクもまたネマガリダケの一品にしてその稈に斑紋あり。内地産クマイザサの稈に斑あるものはこれをシャコハンチクという。

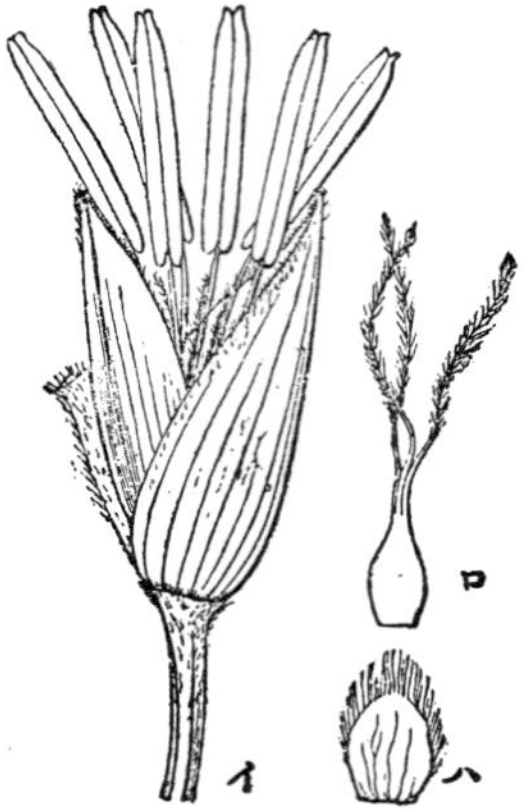

第九図

第十図

第十図はスズダケ一名ミスズの花なり。この竹は南は九州より北は北海道に亙《わた》りて産し古来有名の笹なり。殊に信濃の産名あり。これ古歌に出ずるに因るなり。その稈は編みて敷物としまた竹行李に製す。よく果実を結ぶ。すなわち竹米にして往々収穫多し。山民貯えて食料に充《あ》つ。その殻粒の状図中の「ホ」の如し。その「ヘ」はこれを廓大して示したるものなり。花序の相貌は図中「イ」に示すが如し。その小穂は前記のクマザサと異にしてその花互に相接近し外よりその小軸を見るべからず。花色紫にして下に二片の苞穎あり。その花は図中「ロ」に示すが如く六雄蕊ありて花穎、稃穎の内部より出ず。雌蕊は図中「ニ」にその全形を示し被鱗は「ハ」にその一を示せり。

第十一図

第十二図

次にマダケすなわち苦竹の花を示さん。すなわち第十一図及び第十二図これなり。

　マダケは大竹にしてハチク、モウソウチクと並び称して三大竹と名《なづ》くべし。而してその花は容易に見るを得べからずと雖どもまた時にこれを出すことあり。その花さくときはその稈は花後遂に枯死しその根茎すなわち鞭は大いにその勢力を減殺せられ復《ま》た大形の竹稈を生ずること能《あた》わず。ゆえにかくの如き場合には植物家に向うては誠に天の賜なれども竹林主は大いに損失あるを免がれず。ゆえにかくの如き竹に花を着くるに至れば竹林主は往々断じてその竹林を剿絶《そうぜつ》することあり。

　マダケの花は図上に示すが如くその円錐花散漫せずして緊縮しその外部には苞を以てこれを擁しその苞には頂端に卵形の葉を具《そな》えてその状転《うた》た人目を惹くに足る。その小穂は第

第十三図

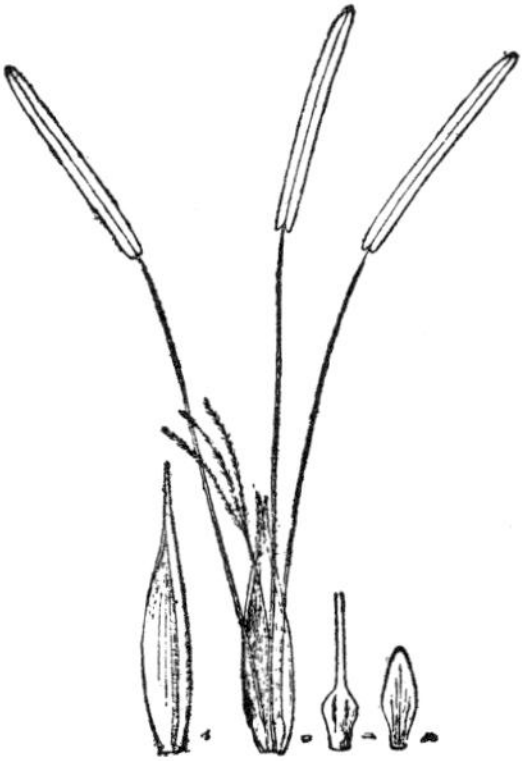

第十四図

十三図中「イ」に示すが如く通常三個の花より成りその花は同図中に「ロ」に示すが如くほとんど円柱形を成し以てその花穎はその稃穎を包めり。今その花穎を廓大して示せば第十四図中「イ」の如し。また同図中「ロ」は稃穎にして内部に雌雄両蕊ならびに三片の被鱗を擁するを見る。雄蕊は著しく長くして遠く花外に超出し花糸は糸状を成しその葯は黄色にしてその形大なり。すなわち本邦産竹類中の最大なる葯を成す。雌蕊は三個の羽毛状柱頭と一個の花柱とを有す。その子房は図中「ニ」に示すが如し。すなわち上に花柱の下部を伴えり。「ハ」はすなわち被鱗の一を示すなり。

　第十五図に示すものはハチクすなわち淡竹の花なり。ハチクの花状はマダケとは大いに趣を異にしその円錐花叢は短くして小箒状に簇集し苞ありと雖ども小形にしてその苞頭の小葉また甚だ細小なり。小軸は図中「ロ」に示すが如く甚だ長から

ずして小穂その両側に互生せり。花は第十六図「イ」に示すが如くその体上に毛を被《か》ぶり花穎は図中「ロ」の如き状を成し稃穎は「ハ」の如くしかして下に雌雄両蕊ならびに三片の被鱗を擁せり。雄蕊は三個ありて穎外に超出し柱頭は三個ありて羽毛状を成す。「ホ」は花柱ならびに子房を示し「ニ」は被鱗の一を示す。

クロチクはハチクの一変種なり。その稈黒色を呈するを以て著るし。その花偶に開く。その状第十六図の右端に見るが如し。見るべし、ハチクの花と同状貌を呈する事を。オカメザサと称する小竹あり。一に五枚ザサ、ブンゴザサ、メゴザサという通り体小なりと雖どもその属する所は正にマダケ属に在り。すなわち一は凌雲の大竹にして一は矮形の小竹なり。しかしてその属を一にす。奇というべし。かくの如き大小相懸絶せる品を取てこれを一属に収む。その証とすべきは花に在り。花の竹類検査に至要なる、以て見るべし。第十七図はすなわちオカメザサの花を示す。その集簇せるの状ほぼハチクに似たり。

次に極めて稀有なるモウソウチクすなわち孟宗竹の花を示さん。すなわち第十八図これなり。第十九図「イ」にその花を示す。「ロ」はその花穎なり。「ハ」は稃穎の雌雄両蕊ならびに三片の被鱗を擁せるなり。「ホ」は雌蕊の全体、「ニ」は被鱗の一なり。その状態皆図上に昭らかなり。その円錐花はまた散漫ならずして緊縮すると雖どもハチクの花の如くならず、寧《むし》ろマダケの花に類似する所あり。その苞に有する小葉は小形狭長にしてマダケの如く大形ならず。

第十五図

第十六図

第十七図

第十八図

上述マダケ、ハチク、クロチクの花は予未《いま》だそのよく果実を結びたるを見ず。これ洵《まこと》に怪むべし。しかもその雌雄両殖器の状態は完全にして敢て欠けし所なし。この事いささか学者の研究すべき問題となすに足る。

以上記する所によりて以て竹の花とはそれいかなるものたること、ほぼ分明となりしならん。これらの諸種は本邦に在りて主なる竹の種類に属しなおこの他に花を出すものまたこれなきにあらずと雖ども煩を厭うてここに出すに及ばず。かつ上に記したる花につきて充分これを了得し以て新に逢着せる所の花を観察せばすなわちそれこれを考究する上につきてあえて躊躇することなかるべきなり。

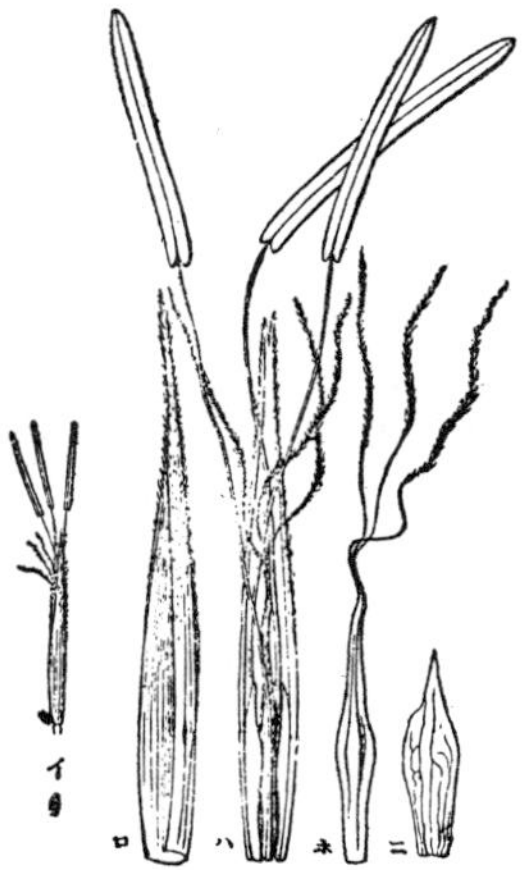

第十九図

竹の花に在ってはその雄蕊の数はそれ最も注意すべき要点にして、これに基づき以てその分類上の位置を定むるを得べきものあり。すなわち今本邦の竹につきてこれを言うときはその雄蕊六個あるものはこれ皆刺竹属すなわちBambusa属を成し、その三個あるものはすなわち正に他の二属を成す。マダケ属すなわちPhyllostachys属ならびにメダケ属すなわちArundinaria属これなり。メダケ属はその小穂に多数の花を有しマダケ属はその小穂に三もしくは四個の花を具《そな》う。これその両属区別の要点なり。

本邦の竹は今日吾人の知る所を以てせばただ台湾産なる麻竹一品を除くの外は上の三属に配するを得べし。すなわち左の如し。

○第一　刺竹属に属するものは、
○クマザサ○ネマガリダケ○チマキザサ○スズダケ○チシマザサ○ホウライチク○タイサンチク○刺竹　等の諸品
○第二　メダケ属に属するものは、
○メダケ○ハコネダケ○カンチク○ヤブシノ○チゴザサ○カムロザサ○ヤダケ　等の諸品
○第三　マダケに属する者は、
○ハチク○マダケ○モウソウチク○オカメザサ○クロチク　等の諸品

台湾産麻竹は麻竹属すなわち「デンドロカラムス」と称する一属に属す。
予は始め世界の竹類を四族に大別すべきを陳《の》べたり。今刺竹属、メダケ属、マダケ属ならびに麻竹属を取って以てこれに配せばすなわち次の如し。

（一）女竹族――メダケ属、マダケ属
（二）刺竹族――刺竹属
（三）麻竹族――麻竹属
（四）「メロカンナ」族――

〔補〕右の文章以後今日に在ては竹類の研究大いに進歩し、従て新属新種の発表せられしもの最も多く、旧来の説の訂正せられたるものまた少なからず。竹類を独立の科、すなわち竹科とし、禾本科外に分置する事には予これに賛せず。

荒川堤の桜の名所を如何にすべきか

東京の北郊荒川の堤には沢山な桜の樹が植わって居って、今日では里桜《さとざくら》の唯一の名所となって居る。この桜が近来年を追て漸次に弱って行って樹勢が悪るくなり中には枯れるものもあれば、また枝の死するもの等もあって、これを幾年もの前に比ぶればその品種も大分減って今日ではそれが四十種ばかりになったという事である。前には七、八十種もあったものが今日ではほとんどそれが半減して居る有様である。先年根本莞爾《かんじ》君と私とがそれを採集して当時の東京帝室博物館天産部へその標本を採り入れた時は、今からズット約十年ほども前のことであったが、その時にはなお五十余の品種があった。それが十年ほどの後には早くもその二割の種類を失うたのである。近年東京附近の開け方は実に非常なもので、殊に彼の大震災後は急速な勢で旧観を破り新に発展し行く勢はスザマシイものである。この荒川の堤の上は同方面では誠に重要な通路に当って居るものであるから、民衆は勿論《もちろん》の事、近来大いにその数を増した自動車ならびに貨物自動車がこの堤上を馳するものが著しく殖えて来て、従てその路面を踏み固め曳き固めかつ揺るがし、加うるに二六時中四方の工場の煙突より吐き出ずる煙のためにその枝幹は黒く塗抹せられその葉面は黒煤を被ぶり為めにその桜樹の生気が断えず害せらるるので、樹は年々に弱り行き遂にこの憐れな結果を招来したものである。

それなればその堤上の頻繁な往来を停止しその来襲する黒煙を止むる事が出来るかというに、それはトテモ出来ない相談で、この国家経済上からの進展大勢はどうしてこれを止むる事が出来ざるばかりでなく、またこれを制限する事も出来はしない。この経済発展の見地から打算すれば、今よりは一層堤上の往来も繁くし自動車も貨物自動車ももっともっと盛んに通って貰わねばならぬ。また工場の煙突からも、もっともっと黒煙を吐いて貰わねばならぬ。元来この地帯は固《もと》よりこんな運《めぐ》り合せに向わされる宿命の場処であって、それを知らずそこへ桜の名所を作ったのは今から言えば当時の人の不覚であったが、一寸先きは闇の人間だからそれまあー仕方のない事さ。

この堤上の桜に取っては地を固められ揺がせられ煙に巻かれるはそれは御難な事であろうから、こんな受難地にいつまでも居据らなければならんという事はない。また荒川堤の名所としていつまでもこれをここに止めて置かねばならんという事もない。また単なる一時の行楽地としてガンバッテ居ってそれでこの文化のために発展する往来または噴煙を抑止すべきでもない。この場処は今日の有様では一方を善くしようとすれば必ずや一方を抑制せねばならぬ状態に置かれて居り、この両立すべからざる反対の事相に対して何んとかそれを裁ばかねばならぬ場合に直面して居る当局の人々は抑《そもそ》もそれをどうしようというのであろうか。これは人間と樹とに対する両方の軽重を考えそれに基いてこれを処分すべきが至当であると考えられる。

荒川堤の桜の標本の一、ありあけ

私の考えでは今日これに多少の費用を投じ、多少の補植をして見た所でそれはムダな事でありそれは姑息な方法であると思う。今の東京府庁の方々または天然紀念物会の方々は、今これに

同上、ぼたん

処するに間に合せの方法を執られんとして居らるるようだが、それは取りも直さず梅毒患者の吹き出ものに一時絆創膏を貼って置くようなもので、遂には今にその第三期が来てやがては全滅の悲哀を味うであろう。右の方々には一廉《ひとかど》の識者もあるのに、なぜそんな必然の結果にお気が付かれんであろうか。脇から見てもハラハラする。

私は永遠に前途を見つめた見地から英断を以てこの荒川堤の桜を他の安全地帯に移しそこに第二の大なる永久の名所を作る事を慫慂《しょうよう》する。桜の名所は何も荒川堤でなくてもよい。東京の近郊なら西でも東でも北でも南でも桜に適した往来の便利な、また永久に他からの迫害（水害や煙などの）の無い好適処へその行楽の場処を新設すればよい。世の中は永いから例令《たと》え今嫩《わか》き苗木を植えたとすればその内にはそれが生長して花を着けるようになる。そして我等の子の代、孫の代には実に見事な桜の名所となって花下で楽む事が出来るであろう。何も自分自身がそれを見ようとするような近視眼的な慾心を出すにも及ぶまい。世の中の事は万事これ位に遠大に考えてやるべきものだ。東京は何にも吾れと生命を同じうして一緒に亡びるものではない。吾れは今んまの間に死んで行っても東京は依然として後とに残り永久に向うて益《ますま》す繁栄する。吾々の子孫はここに繁殖して年々に花見をする。それが世の中である。後の世の事をも思ってやるのも今や世の人の情けじゃないか。

今の場合荒川の堤の桜はまず現状のままの成行きに任せて置いて一方新名所を作るに努力すべきである。この堤にある桜の大なる樹はその生活状態から考えてもその費用から見てもこれを他に移すことが出来ないからそれはそのままにして置き、この樹を母として接木などしてその子孫を多数に拵《こしら》えこれを新名所へ植うれば、その品種を失うことも無くして済む訳で桜を愛する人々はその位の面倒は不断に見ねばなるまい。ただ口先きばかりを働かしたとてとても徹底的な仕事は出来るものではない。

同上、あまのかわ

荒川堤の一つの名所がツブレたとてそれが何んだい、それに優る大なる好い名所がこれに代りて出来ればここに未練はないや、荒川堤に言わすればこんな桜なんてケチな奴は入りゃあしないや、春一時浮れた人が来てくれたってちっとも有り難くないや、それよりもこの辺一帯は国家の経済を帮《たす》ける工業地になってこの堤上は自動車や貨物自動車の往来が頻繁を極むる枢要な道路になりたいと、今日この堤の桜を云々する人達は時世に鑑み、もうちっと活眼を開いてもれーてーね。

一年中僅に一度ほんの花どき一時の浮きたる行楽のために、国家の発展する経済上の趨勢を支止めるなんてそんな事は出来やしない。行楽が重きか経済進展が軽きか三歳の童子でも判断が付かー。

そこで愈よ《いよい》新に名所を造るとすれば土質桜に適し、かつ永久に何物かからの脅威もなく、その四周が景致に富み、何れ《いず》から行くにも便利な土地を選び、その地域を極て広大にしこれに我邦に在る全部の桜の種類を蒐《あつ》め種《う》うる事である。その桜の各種少くも百本位は必ず同種のものの苗木を用意して適処に植え、その中でもヤマザクラ、ソメイヨシノなどは数万本も用意し、またヒガンザクラ、エドヒガン、シダレザクラなどは数百本あるいは数千本用意してこれを植うる様にする。この様に大規模にしてこそその場処が桜の名所となって永久に遺り、また日本はおろか西洋諸国へまでもウタワレルようになるのだ。桜の国などと自慢するには自慢するだけの用意があってしかるべきであるのに、今日の様な貧弱さでは何ともかとも仕様が無い。費用が入るって、真剣にやる気ならそれは何んとかなるよ。

桜の種類を蒐めるには日本国中の隅々までもアサル事だ。そして既知の種類も隠れた種類も皆拉《らっ》し来て右の一大桜の名所へ植え、ここへ行けばどんな桜でも見る事が出来る様にする。この様にして始て意義深い桜の名所すなわち桜の国に恥じぬ相応しい名所が生れるのだ。やる位ならこの位勢よく大胆にやらねばだめである。

〔補〕里ザクラの大部分は彼の大島ザクラを原として発展し来った事は、今から十余年も前に私の創《はじ》めて考定した事実である。私はその証拠となるべき原樹を相模の真鶴で発見している。何《いず》れその内にその図説を発表せん事を期している。里ザクラの中にはまたヤマザクラ、オオヤマザクラ、ケヤマザクラから来た種類もある。しかしその親子の関係を詳細にかつ科学的に調べた学者は今日まだ世間に一人もない。つまり里ザクラの研究は現代なお、すこぶる幼稚な域を脱していない。

ススキ談義

今ここに秋の景物であるススキについて述べて見よう。

ススキ、それは我邦広く野となく山となく到る処に熾《さか》んに生い茂りて、秋をシンボライズする。そのススキは、誰れでも知らぬ人のないほどの普通な禾本植物の一種である。ススキという言葉はこれは一般俗間の通名ではなく、それは寧《むし》ろ知識階級の人のいう名称である。そして諸国一般人の称える名はカヤである。

カヤは最も旧い名で恐らくそれは神代前から称えられて来たものであろう。しかしカヤの語原は刈りて屋根を葺くから起ったのだといわれているが、それは多分ヤは屋根でその屋根を葺く意味の語であろうが、そのカは果して刈るの意か、その点はどうも不明の様である。あるいはそれはクサヤ（草屋）の意かも知れないと思うがその理由《わけ》はヤは屋根、カはすなわちクサの反しのカであるからそこで屋根を葺く草の意とも考えられ、あるいはなお一歩進んで太古の草屋（カヤで葺いた茅屋）から来てそのクサヤがカヤになったものだとも想像することの出来んもんでもない。

カヤは上に言った様にススキの古名であるが、学者によってはチガヤ、スゲ、アシ、オギなどをもカヤというと思っているが私はそれに賛意を表しなく、カヤの本物はどうしてもススキでなければならぬと信じている。チガヤなどカヤ式の者であるからすなわちそれを混じているのであろう。

ススキという意味はスクスクと立っているキ（草）だからそういわれると書物に書いてあるが、またあるいはススは畳語でそれは清々《すがすが》しい事である。昔は笹の葉などと共にこれらをサラサラと鳴らして神楽に用いたから、そこでススキの木の意味でススキというのだといっている学者もあって、ススキの語原にはどうもハッキリした定説がない様だ。

日本で古来薄の字をススキの名とするのは誤りで、それは丁度茸の字をキノコに誤用しているのと同一轍である。薄の字は旧くよりススキに慣用せられているがそれは決してススキその者の名ではなく、薄は単にススキを形容した文字に過ぎない。一体ススキはその茎葉が密に叢をなして株から生え互に相迫り集っているので、それでこの薄の字を古人がススキに充《あ》て用いたもので、つまり一つの仮り字である。すなわち薄の字はセマル意で、彼の薄暮の薄、あるいは肉薄の薄とその意義が同一である。この薄暮というのは暮れに薄《せ》まる事、また肉薄というのは人々互に押し合い圧《へ》し合い丁度今日電車に乗り込む時の様に相薄《せ》まる事で、ススキの場合もそれと全く同意味である。

ススキは山野の陽地に生じ往々山一面を覆うて茂り、また野一面に群を成して生えていてほとんどススキを見ない地は無い程である。もしもこれに大いに用途があったなら大した民用をなすのであろうが、只今それ程満点の利用も無いから従って徒《いたずら》に山野に枯れ果てる事が多い。

ススキは株を成し、地下には短かい多節の地下茎が横になり、それから鬚根を発出して地中から養分を吸収している。多脚的《シンポジアル》に分枝しその枝端から茎と葉とが萌出して地上に出で、それが沢山に集まって一株一株叢をなして茂っているのである。冬になって茎葉が枯れても地中の地下茎は依然として生き残り、来春復《ま》たその株から新らしい芽を出すのである。もし春早く山や野を焼きそこに数寸に萌出したススキがその表面を焼かれて黒く焦げている場合をスグロのススキと呼ぶのである。

春に芽出ったススキはまず葉鞘（ハカマ）のある葉が叢生し、次にその中から茎が立ちて更に葉がそれに二列式に互生しているが、それには無論長い淡緑色の葉鞘があって茎を包んでおり、その葉鞘は茎の節に着いている。葉の本部なる葉片は狭長でその末漸次に尖り、表面は緑色、裏面は帯白緑色である。葉片の中央には一条の中脈があって表面では白色、裏面では淡緑色を呈している。葉縁には尖《する》どき細鋸歯が駢《なら》んで扱《しご》けばよく手を切る事は人の知っている通りである。支那の書物にも「甚ダ快利ニシテ人ヲ傷クルコト鋒刀ノ如《ごと》シ」と書いてある。そして葉鞘と葉片との界には小舌と呼ぶ小鱗片があるが、これは禾本類の特徴である。

茎は禾本類では特に稈といわれるが、ススキの稈の本の方は往々葉が枯れ去りてその膚を露わし、節が見えて細い竹の様になっている。しかしそれはオギに於ける程著しくはない。稈は円柱形で淡緑色を呈し、平滑で中が実し白瓤《はくじよう》が多い。

ススキは秋になってその成長の極度に達する。その低いのでは三、四尺位の丈《た》けのものもあるが、その高いものになると一丈余にもなっている。稈の上部は細長円柱形で葉から超出し衆草を抜いて高く聳えている。そしてその末端に花穂を撐《ささ》え着け花穂は中天に翻っているのである。

花穂の形は大きくてすこぶる著しい姿を呈している。その中軸は狭長で稜角があり、それが真直ぐに立っていて凡《およ》そ二寸半から七、八寸の長さを算するが、その枝梗はその中軸を心としてその周辺に開出散漫し風が吹けば一方に靡いている。そして黄褐色あるいは茶褐色、あるいは紫褐色、あるいは褐紫色でその色は株によって相異り敢て一様ではない。花穂の長さは五、六寸から一尺二、三寸許《ばかり》もあり、枝梗の数は一穂に五、六条から五十条もあるのがあって、それが花穂中軸の節から凡そ二、三条位ずつ出て集まっている。花が済むと花穂が閉ずるのであるが、あるいは風の為め、あるいは稈が傾いている為め、その穂体は大抵一方に彎曲しているのである。

花は小形で穂上に数多くそれが列をなし枝梗を通じて着いているのである。花は二花ずつ相伴われて居り、その一花は極めて短き小梗を具《そな》えて低く位し、他の一花は稍長い小梗を有して上に位している。花の本には花よりは長い多くの光滑《つや》ある毛があって花に添うて直立し、花を擁護しているかの様に見えるが、乾けば斜めに開くのである。

花は禾本類の花の常套を具えて、あえて蕚もなければ花弁もない。まずその外に外穎がありその次ぎに内穎があって共に外面に毛を帯びる。そしてこれが向い合いになっている。次に外稃と内稃とが同じく向い合いになって居り、この内稃には長い芒《のぎ》がある。次に極小い鱗被と云う二鱗片がある。右の穎と稃と鱗被とこの三つは共にいわゆる苞であってそれが普通の花の蕚弁の役目を勤めていると思えばよい。

次に雄蕊が三つあって花の開いている時、すなわち穎稃が口を開いている時に糸の様な花糸によってその末端の葯を花外に垂れブラブラとさしている。葯は二つの胞《ふくろ》から成り、縦裂せる間隙から一向に油気のないサラサラとした花粉を散出し、時々吹き来る風のためにそれが散らばり飛んで花柱の毛に着き、そこに拘束せられるのである。この様にこのススキの花は風媒花である。それは他の禾本の花と同じ様に。

次に花の中心に一つの雌蕊があって、本に一個の子房が坐り、その子房の頂に二花柱があって毛を生じ多くの柱頭をなしている。前述の通り花粉がここに捉わるれば忽《たちま》ち顕微鏡的の花粉管を生じ、それが子房内の卵子を目がけて勢いよく進み行くのであるが、それは丁度娘一人に聟八人の有様で、その卵子と合歓を遂げるにはタッタ一つの花粉管があれば事足りるのである。この仕合せな一花粉管以外の多くの花粉管候補者は皆口アングリで失望落胆するばかりだ。卵が孕めば間もなくそれが種子となり子房の皮は果皮と名を換え、子房はそこで果実となるが、禾本類の果実は特に穎果と呼ばれ、すなわち通俗にいえば穀粒で、米麦の殻粒とあえて異なる所はないが、その形が極めて微小だからあえてこれを利用するには足りない。そしてその果皮はまたこれを米麦で言えば糠《ぬか》となる処である。

花が済み日を経ると間もなく長楕円形なる実が熟しこの穎果が宿在している穎片稃片の中に包まれているが、この時分にはその穂が段々に乾いてその花下の毛は散開し遂に穎果を擁せる花体が吹く風の為めに花穂の枝梗より離され、そこでその花下に在る開いた毛の為めに風に連れられ飄々と気中を浮び行って、遂に遠近の地に落下しそこに新苗をして萌出せしむるに至るのである。ススキの花穂が高く挺出しているのは風を迎えるに都合が好いからである。

ススキの花穂を尾花（オバナ）といい、よく歌などに詠み込まれている。彼の山上憶良の秋の七種《ななくさ》の歌にもこの尾花が出ている。その尾花が風に吹かれて靡いている姿は中々に風情のあるものと一般に相場が極っているが、暮夜に臆病ものがこれを幽霊と見たとは誠に殺風景である。

冬に入って断えず寒風に吹かれると穂上の枯花は漸々に散り去りて遂には花穂の骨ばかりとなり淋しく立って残っているのがそこここに見られるが、その時分は最早その葉も枯れ果てていて山も野も蕭条たる冬景色となり、時々白い霜がその枯葉におかれているのを朝早く見ることがある。旅に病んだ芭蕉の夢はこんな枯野をかけめぐったのであろう。

尾花には可愛らしい端唄があって安政元年〔一八五四〕頃から謡われ名高いものとなったとのことである。すなわちそれは、

「露は尾花と寝たといふ、尾花は露と寝ぬといふ、あれ寝たといふ寝ぬといふ、尾花が穂に出てあらはれた」である。

ススキにはいろいろと変った品がある。まずイトススキは葉の極めて狭長なものであり、シマススキは葉に白斑のあるものであり、タカノハススキは葉に矢羽の斑のあるものである。歌にいうマスホノススキはマソホノススキで赤い花のススキをいうのだが、これは今いうムラサキススキの事であろう。またマスホ（十寸穂）ノススキとは花穂の壮大なもの

を呼んだ名である。このマソホノススキ、マスホノススキについては「人の命は晴れ間をも待つものかは」と昔登蓮法師を悩ましたもんだ。

アリワラススキ（在原ススキ）というのがある。これはトキワススキ（常磐ススキ）一名カンススキ（寒ススキ）である。このススキは普通のススキとは別の種で、関西地方に多く冬も葉がありかつ雄大なからよく風避けとして畑の囲りなどに栽えてある事が多いが、また川の土堤などにも見られる。七月頃に早くも花穂が出るが形は長大で花は細かい。しかし普通のススキの様な風情の掬《きく》すべきものがない。

八丈のススキは伊豆の七島で牛の飼い葉として作っているものであるが、内地の南海岸ではそれが野生している。

何々ススキといってススキの名を冒している禾本が沢山あるが、これらは大抵ススキの属ではない。

ススキの学名は Miscanthus sinensis Anderss. である。その種名 sinensis は「支那の」という意味であるが、これは支那産の標品を基として名《なづ》けたものである。そしてこのススキは支那にもあって支那の名は芒である。すなわちノギの芒と同字である。属名の Miscanthus は mischos すなわち梗と anthos すなわち花との二つの希臘《ギリシャ》語から成ったもので、それは多分その小梗ある花に基いて附けたものであろうといわれる。

ススキについてなお書く事がいろいろあるが、余り長くなるのでまずこれぐらいで打切りましょう。

松竹梅

松竹梅の芽出度《めでた》い事は誰でも知らん人はありません。これは誠にこの上もない好い取り組みを昔の人がしてくれたもので、それは誰でも異議のない所でしょう。それゆえこれが歌に謡われるのも無理はありません。かの長歌の中にも幾つかその歌があります。また「梅と松とや若竹の手に手引かれてしめ飾り」という端歌の文句もあります。

松、それは「百木の長」といわれます。松は千代も変らぬ常磐木でして新春にまずその色を愛《めで》たものです。古人も「常磐なる松の翠も春来れば今一しほの色まさりけり」と詠みました。アノ四時青々と翠の色を漂わしています所に無限の芽出度さがあるのです。松の翠は単《た》だ色ばかりが佳いのではなく、その樹の姿がこの上もなく勢があって、その枝は四方に張り、その幹は天半に聳え立って亀ッ甲の皮を甲《よろ》い、その状《ありさま》が最も強健勇壮です。すなわちこの幹とこの枝とがありてこそ、その翠の色がとても引き立って見ゆるのです。

巨大な松を眼前に見上ぐる時、まず我が胸を打つものはその幹の男らしい処、次はその枝の四方に広がりて勢よく肘を張り肘を屈めし処、次は高く風を受けてもただ琴の音《ね》に通うといわるるいわゆる松風《まつかぜ》すなわちいわゆる松籟《しょうらい》があるばかりで毫も動ぜぬその枝葉です。すなわち毅然たるその姿は何んとはなしに崇高な気に打たれるのです。

松をまた人間に当て嵌《は》めるならば車の矢の様に四方に出る枝は睦まじい一家の団欒《だんらん》にも比する事が出来ますし、また釵《かんざし》の股《あし》をなした葉は何時《いつ》も離れず連れ添うて居り、俚謡にも「枯れて落ちても二人《ふたり》づれ」とあるようにこれを友白髪《ともしらが》まで偕《とも》に老ゆる一の夫婦、それは人間の最も意義深くかつ最も大切なこの夫婦に比べる事が出来ます。そしてこの和協同心の夫婦が何万となく相倚って雲の様な松の翠を組み立って居るとすれば、松の茂みはこれを四海に浪立たぬ平穏無事な一国に喩える事も出来てその芽出度い事限りもありません。

我が日本の松にはいろいろの種類がありますが、まず最も普通なものは赤松《あかまつ》と黒松《くろまつ》とです。赤松は一に雌《め》ン松、黒松は雄《お》ン松といいます。これは我が邦の特産で支那にはありません。支那の松は全く別種です。赤松はどこでも山や野に見られますが黒松は主《おも》に海岸方面に生えています。

幸に優れたこの二つの松があるので我が日本の景色がとても優れて見えるのであります。もしもこの二つの大関が無かったならば非常に物足りない景色となるのは必然です。すなわち景色から言っても疑いもなくこれは王様なんです。この二つの松を昔から門松にする事は誠に意義の深いもので、この美風は何時までも続かさねばならんと私は思っています。

竹は松と同じくその色を換えぬ葉と稈《みき》とが芽出度いものとなっています。松は千歳を契るもの、竹は万代を契るものといわれています。これはすなわちその葉と稈とを賞讃したものです。

竹といっても中々沢山な種類がありますが、まずその中で淡竹《はちく》と苦竹《まだけ》とが大関です。これがすなわち昔、呉竹《くれたけ》といったものです。呉《くれ》とは元《もと》と朝鮮の方の名ですけれども、ここでは支那を指しています。つまり支那から渡った竹を意味します。

元来この二つの竹はかの孟宗竹と同様元と支那の産であるが、それが昔渡り来って今は全く日本産の様になり誰れでも我が邦のものだと思っています。

竹の稈は真直ですからこれが君子の心だといわれています。またかく真直な上に多くの節が層《かさ》なっていますのでこれを婦人の貴い貞節に喩られています。松は豪壮勇偉な男子《おとこ》、竹は貞節ある淑徳な女子《おなご》、これは誠に相応《ふさわ》しい双璧ではありますまいか。また竹は勢よく割れるものであるから人間たるものの気性も当《ま》さにそうあるべきものだとそれに比較せられます。

竹の稈には節がある上に中が空洞《うつろ》で筒になっています。それゆえ風に抵抗してもとても強く容易に折れません。アノ雪の竹を見てもそれが分りましょう。この姿がまた反撥ある精神にも合致しています。

竹の強い事はその鞭根でも分ります。昔は地震が揺ると竹藪へ逃げ込んだといいます。そこには竹の鞭根が縦横に交錯して地割れがせず避難処として安全だといわれています。

「竹に雀はしなよく止る」と謡われます。アノ敏捷な雀とサラリとした瀟洒な姿の竹とは好い取り合せでしょう。そしてまたその意気なものの表象としては「竹になりたや紫竹の竹に、本は尺八、中は笛、末はそもじの筆の軸」と謡われているのでも分ります。

竹から生《は》える筍はこの上もない勢よく伸びるものですが、男子もこの勢力に負ける様な意気地なしでは仕方がありませんネ。

まずこんな事でも竹を新春の芽出度いものとする価値は充分に認められます。

梅の花は天下の尤物《ゆうぶつ》だといわれます。これを単《た》だ翠《みどり》の松、緑の竹に比べますと色があってこの二つに取り添うと何んとなく軟かい一脈の趣が生じます。殊に梅の花は百花に魁《さきが》けて発《ひ》らきいわゆる氷肌の語があり、枝幹は玉骨と書かれて超俗な姿態を呈《あら》わします。時には「暗香浮動ス月黄昏」と吟ぜられてその清香の馥郁《ふくいく》を称えられます。彼の「勅《のり》なれば最《い》ともかしこし鶯の宿はと問はばいかに答へむ」という故事のあったために鶯宿梅の名も生じ、この優しい鶯宿梅の名の出来たために「私しや鶯、主は梅、やがて身まゝ気まゝになるならば、さあさ鶯宿梅ぢやないかいな、さつさ何んでもよいわいな」という意気な端歌の文句も生れたのであります。

前の鶯宿梅の様に、また「香に迷ふ、梅が軒端の匂ひ鳥」（匂ひ鳥とは鶯の事です）と謡われた様に鶯は梅の寵児、梅は鶯に懐かしがられて何んとなくその情景がしおらしいのです。これもまた確かに新春の景物であります。

昔、日本で花といったのは梅だそうですが今は花といえば桜の事です。我が邦で梅の名所は数々ありますが、その中で伊賀の国の月ヶ瀬は昔から名高い処です。

梅は元来支那のものですが、遠い昔我が邦に渡り来り爾来繁殖してその種類も三百品以上に及び、まるで日本産のものの様になっています。元日に使います小梅《こうめ》すなわち信濃梅《しなのうめ》は梅の一変種であります。

終りに述べねばならない事は、今日の植物学上から観ましてもこの松竹梅の撰定は実に中分がないのです。一体植物界は隠花部と顕花部との二つに大別せられています。そしてその顕花部が更に二つに別れます。すなわちそれが被子植物と裸子植物とです。ところがこの被子植物が更にまた二つに分れていましてそれが双子葉類と単子葉類とになります。そこで松竹梅をそれに配しますと、松が裸子植物の代表、竹が単子葉類の代表、梅が双子葉類の代表という事になって、つまり植物の三界を統《す》べる事になります。今日のこの新知識から観ましても、この様にこの松竹梅はとても意義深いものであります。今これをお正月のシメ飾りから言いますと、上の隠花植物の代表としてウラジロがあります。もし松竹梅へこのウラジロを添える事にしますとここに始めて植物界全体の代表者が揃い、この上もない芽出度いものになります。

春の七草

春の七種《ななくさ》を書けと言う、ハイかしこまりましたとは請合うたものの時間さえあれば如何様にも書けぬ事はないが、実白状しますと頃日どう言う訳か用事輻輳《ふくそう》、一つ済めば直《す》ぐ次の一つ、また次の一つと一向に際限がない。チットモ心を落ち付けて筆を執る暇がない。その暇のない間を工面して苦しいけれどその然諾《ぜんだく》の義務を果さねばならん。仕方がないから大駆足でホンノつまらぬ事を書いてその責を果す事にしました。読んで興味を感ぜぬのは当り前でその辺どうぞゴ免候らえ。七種についてのいろいろの前座講釈はこの処抜きにして短刀直入植物の事に移ろう。

セリ

セリは水斳で通常芹の字を使っているが実言うと芹一字だけでは不徹底である。セリは原頭、山足などの水に生えその白いヒゲ根を泥中に下している。採って見ると白い根が多いので故に古歌にはネジログサと称えた。溝などの中を覗《のぞ》くと早春から既にそのセリが一杯に繁茂している。古人はこれを望み見てセリとは迫《せ》りこ迫りこして生えているからそれでそういうのだといっているが、果してそれが語原であるか否かなお再考を要する様に思う。この様に実際セリは常に密集して生えているが、考えて見るとセリにはそう生える原因が存している。セリの茎が立って梢に花の咲く時分前後モウ既にその茎の下部から四方八方に匐枝を引き長く泥面を這うている。その匐枝には多くの節がある。その各節から秋以後皆株をなして葉を萌出するのでそれで溝一杯に繁茂するのである。ツマリ株が多数に出来たのである。春にこのセリを摘む時分には最早その前年の匐枝は多くは既に腐り去っているから、そこでセリが一株一株の苗となって生えている事になる。

食う為めにセリを摘む事は昔からする事であるから古歌にはまたツミマシグサともいった。また『万葉集』に「君がため山田の沢にゑぐ採むと雪消の水に裳の裾ぬれぬ」という歌がある。このエグは人によりては今日いうクログワイだとしているが、その歌の意から見ればどうもこれはセリの事であらねばならないが今日の処私はセリにエグの一名ある事を知らない。そして却《かえつ》て前記のクログワイにはエグあるいはイゴなどの方言がある。しかしこの者ではここは都合が悪るい。

セリの葉は分裂して多くの小葉と成っている。すなわちいわゆる複葉である。柄本に葉鞘《はかま》があるがこれがこの属する傘形科の特徴である。花は白くて小さく夏に咲いて傘形花穂を成し、花後に小さい実が集り熟し落ちると仔苗が生ずる。それゆえセリは種子からも生えれば匐枝からも萌出し繁殖甚《はなは》だ盛んである。

セリの栽培した者はよく八百屋に売っているが皆葉柄がすこぶる長い。これは水田に於て密に叢生させて作る故、上へ上へと延んでこんなに長く成っているのである。しかし野に在る者はカジケテ短いけれど香はズット高い。これを田ゼリと呼んでいる。

さて芹の字ダガこれは蘄と同じである。また菫とも同じである。しかるに今この菫を二様に使い一は水蘄のセリであるが、一は通常これを菫菜として別の一種に使っている。日本の学者はその一名を旱菫すなわち旱芹というもんだからセリが陸に生えた者の様に思ってこれをハタケゼリと訓じている。そして実は菫菜なるその本物を知らなかったのである。

右の菫菜なる者は支那、満洲、朝鮮には昔から圃に作って野菜にしていた。圃に作るから旱芹である。これは西洋にもあって西洋の者は前にはオランダミツバ（一にキヨマサニンジンという。これには一つの説話があれども今は略する）といっていたが今日ではセロリ(Celery) といって西洋野菜の一つとなっている。そして学術上の名は Apium graveolens L. である。

菫の字は前に書いた通りの芹の字と同じで、あるいはセリに使いあるいはセロリに使うべき字面であって、決してその他の植物に用うる事は出来ないものである。しかるに世人はこれをスミレに使って平然としてスマシているのは滑稽至極で、殊更に我が無学無識を広告している様なもんダ。もし世人がスミレを支那の名で書きたければ宜《よろ》しく菫々菜と書くべきである。そうすればまずはスミレとなるが、菫の一字もしくは菫菜の二字では絶対にスミレとは成らないのである。

ナズナ

ナズナは薺であって植物学上では十字科に属しダイコン、カブなどと同科である。その語原は撫菜《なでな》の義で愛ずる意ではないかと大槻文彦先生は書いていられるが、私はこれはなずむ菜の意でその苗葉がクシャクシャと短縮し迫って叢を成している状態に基いたものではないかと想像する。

ナズナは春の七種の中で最も著名かつ代表的の者で、秋に早く種子から生じ野外や路傍や圃地などに沢山見られる。冬の間敢て霜にも雪にもメゲズ平たく地面にへばりついてその深く羽裂せる根生葉を四方に拡げ、日当りのよい処に生えている者は暗褐色を呈しているが日蔭げの場処に在る者は緑色である。そして葉の下には白い直根があって地に入っている。葉の切れ方には二たイロあってそれぞれ株が違っている。すなわち一はその裂片が単に長楕円形であるが一は狭長でその上縁の本に方に著しい一耳片が着いている。

右は何方《どちら》もナズナであって、前者をオオナズナといい後者を単にナズナと称えて区別する。けれども決して別種ではなく共に花穂も花も果実も同じである。茎は緑色で枝を分ち花は小さくて多数総状花穂に着き白色の十字花で花中に四長二短の六雄蕊を有する。花がすむと三角形の短角果実を結ぶ事は衆のよく知る所である。

右の果実はその恰好が宛《あた》かも三味線の撥《ばち》に似ている所から、この草をバチグサともペンペングサとも称する。「覚えていやがれ、そんな事をすりゃあ手前《てめえ》んとこの屋根にペンペングサを生やしてやるゾ」と勇み肌の江戸ッ子はよく文身体《いれずみからだ》の尻を捲って啖呵を切ったもんだけれど、実は屋根の上には余りペンペングサは生えないものである。これに反してノミノツヅリ、ノゲシ、オニタビラコなどが最もよく生えるものダ。

ナズナを食するには煠《ゆ》でて浸しものにしてもよく、あるいは胡麻和にしても佳《よ》い。また油でイタメても結構ダ。

オギョウ

支那の名は鼠麴草でキク科に属する。オギョウは御行と書くが、これをゴギョウというのはよくない。それ故五形と書くのは非である。時には御鏡と書いてあるものもある。この草の本名はホウコグサ（発音ホーコグサ）というのダが普通にはハハコグサ（母子草）と称えて今日はこれが通称の様に成っている。しかしこれをハハコグサといい母子草と書くのは甚《はなは》だ宜《よろ》しくない。人によると母子草とは旧《ふる》き苗に若葉の添うて生ずれば母子という名も義《ことわり》であるなどと唱うるは全く牽強附会の説である。元来この草の名は母と子という意味から附けられたものではない。すなわちこの間違の起りは文徳《もんとく》天皇御一代の歴史を書き集めた『文徳実録』の著者が一つの因縁話を仕組みホウコとハハコと音相近きを以て本来のホウコグサをモジッテ母子草としたのが始まりである。ゆえによく諸書に母子草の名は

『文徳実録』からダと書いてある。もしもこの名が昔からの本来のものであれば何も特に『文徳実録』を引き合いに出す必要は少しも無いじゃないか。

ホウコ（発音はホーコ）の名は今日でも処によっては民間で唱えている。また処によってはホーコーともホーコグサとも、またホンコともいっている。支那に蓬蒿、皤蒿、白蒿或は黄蒿などいう草があるがあるいはその名が旧く日本に伝ってホウコという名が出来たではないかと幻想して見るも興味があるが、私の考うる所ではホウコの名はモットズット古くて何かの意味を有《も》ったものでは無かろうかと想像する。

この草は早く秋に種子から生じ、茎が分れて短く地上に拡がり沢山な葉を着けて座を成している。葉は狭長でその質が薄い上に白くて軟かい綿毛が一面に生え、そのために葉は白く見えている。

春から夏の初めへかけて数寸ないし一尺許《ばか》りの茎が立って、梢に黄色の小さい頭状花がビッシリ固まって着く。その様子がチョット麴に似ている所から、処に依ってはコウジバナの名がある。支那で鼠麴草というのも同じ意味でそれを鼠の麴に見立ったものである。また子供が烟草《たばこ》の真似をして遊ぶのでトノサマタバコの名が呼ばれる。

三月三日雛の節句にはその時の草餅には昔は必ずホウコグサを入れて搗《つ》いたものダガ、今日ではこの草を用うる事はほとんど廃れ、普通にはこれに代えてヨモギを用いている。しかるにここに面白いのは千葉県上総の土気《とけ》辺では今日なお昔の通りホウコグサを用いる事が遺っているとの事である。

ハコベラ

ハコベラはナデシコ科のハコベである。このハコベラはこの草の昔の称えであるが今でも稀れにこの古名をそのまま呼んでいる地方もある。国に由るとアサシラゲともいわれる。支那名は繁縷であるがそれはこの草が容易によく繁茂する上にその茎の中に一条の縷《いと》、すなわち維管束がある所からこの名が生れたのである。

秋に種子から生え冬を越して春最もよく繁茂し小さい白花が咲いて実が出来る。花弁は元来五片であるがその各片が深く二裂しているのでチョット見た所では十弁の様に見える。果実には柄がありそれが面白い事には花の済んだ後、次第次第に下に向い成熟間際になって復《ま》た上を向きそのままで果皮が開裂し中から種子が飛んで出る。これは多分この草が風に吹揺れる拍子に種子を果中から振り散らすのであろう。もし果実が下を向いたまま開いて種子が落ちたのではその行き度《わた》る範囲が狭いので、そこで上を向いて開裂し種子を成るべく広い面積地に散布させようというこの自然の工夫は確かに一顧の価がある。

茎も葉も一様に緑色である。多数の茎は一株から叢出して四方に拡がり梢に分枝して花を着けている。茎面には一側に一条を成して細毛を生じている特徴がある。葉は卵形で対生し葉柄が無い。しかし下方の者は卵円形で葉柄がある。

世間ではこの草を金糸雀《かなりや》の餌にする事は誰れでも知っているだろう。またこの草を焼いて灰と成し、塩を交えてハコベジオと称する歯磨き粉を製する。

この草は煠《ゆ》でて浸し物と成し食べられるが一種特別な風味があってすこぶる珍である。一種ウシハコベという者がある。形ちもズット大きくハコベより後《おく》れて花が咲く。花の大さも形ちも同じだが花中に五本の花柱があるので三本花柱のハコベとはこの点を観れば直《す》ぐに区別がつく。このウシハコベは金糸雀には遣らない。

普通の人はハコベもウシハコベも一緒にしてハコベと通称しているが、昔はまずそんな状態であって後世始めてこれを二種に区別したものであろう。書物にもその両者を混同して一と成したものがある。

ホトケノザ

小野蘭山時代頃よりしてそれ以後の本草学者は春の七種の中にホトケノザを皆間違えている。これらの人々のいうホトケノザ、更にそれを受継いで今も唱えつつある今日の植物学者流、教育者流のいうホトケノザは決して春の七種中のホトケノザでは無い。右のいわゆるホトケノザは唇形科に属して Lamium amplexicaule L. の学名を有しそこここに生えている普通の一雑草である。欧洲などでも同じく珍らしくもない一野草で自家受精を営む閉鎖花の出来る事で最も著名な者である。日本の者も同じく閉鎖花を生じその全株皆悉《ことごと》く閉鎖花の者が多く正花を開く者は割合に尠《すく》ない。秋に種子から生じ春栄え夏は枯死に就く。従来の本草者流はこれが漢名（支那名の事）を元宝草といっているが、これは宝蓋草（一名は珍珠蓮）と称するのが本当である。この草が春の七種中のホトケノザでは無いとすると、しかればその本物は何んであるのか。すなわちそれは正品のタビラコであって今日いうキク科のコオニタビラコ（漢名は稲槎菜、学名は Lampsana apogonoides Maxim.）である。このコオニタビラコは決してこの様な名で呼ぶ必要は無く、これは単にタビラコでよいのである。現に我邦諸処で農夫等はこれをタビラコとそういっているでは無いか。このキク科のタビラコが一名カワラケナであると同時に更に昔のホトケノザである（すなわちコオニタビラコ〔植物学者流の称〕＝タビラコ〔本名〕＝カワラケナ〔一名〕＝ホトケノザ〔古名〕）。

この今名タビラコ古名ホトケノザは、我邦諸州の田面に普通で秋に種子から生じ早春に漸く繁茂し、春闌《たけな》わにして日光を受け競うて小なる黄色の頭状花（舌状花より成る）を開きすこぶる美観を呈する。草状はタンポポを極く小形にした様にその羽裂葉を四方に拡げ柔かくして毛なく、サモ食ってよい様な質を表わしている。ゆえに農家の子女などは往々タビラコあるいはタビラッカを採りに行くと称して田面に下り立ちそれを採り来りて食用に供する事がある。その田面に小苗を平布し円座を成した状が宛《あた》かも土器《かわらけ》を置いた様に見ゆるから、それでこれをカワラケナといったものであろうと思う（マサカ毛が無いからではあるまい、ハハハハハ）。またその苗が田面に平たく蓮華状の円座を成している状を形容してこれをホトケノザ（仏ノ座）と昔はいったものと見える。また苗の状から田平子《たびらこ》、すなわち田面に平たく小苗を成しているのでそこでタビラコという名が出来たといえる。もしタビラコという名が田平子なる字面通りの意であったならこのキク科のタビラコこそ最も適当な者であるが、しかし今日いう所のムラサキ科のタビラコは頗る不適当の者である。何んとなればこの草は普通に田面には生ぜず常に田の畦とか路傍とか、または藪際とかの寧《むし》ろ乾いた地に生えているからである。そしてまたその葉は余り平たく地に就てはいない。しかるに世人はこのムラサキ科のいわゆるタビラコ（すなわち学名を Trigonotis peduncularis Benth. と称する）を本物と間違え、妄《みだ》りにこれを春の七種の一つだと称なえスマシ込んでいる。さてそういう様に始めて俑《よう》を作った人は『本草綱目啓蒙』の著者の小野蘭山である。大学者の蘭山がそういうのだから間違いは無いと尊重してそれから後の学者は翕然《きゅうぜん》として今日に至るもなおその学説を本当ダと思い、この誤りを踏襲してやはりその名でその植物を呼んでいる。蘭山がイクラ偉いと言って見た所でタカガ人間ダ、神様では無い、千慮の一失も二失も確かにあるヨ。このタビラコ問題も蘭山に取っては正にその一失である。蘭山が何故にそれを間違えたか、これは恐らくは蘭山がそれを実地に試食して見なかったセイだろうと思う。もし一たび食って見たならそれは吾々と同じ様な結論に達したに違い無かろうが、ただ蓋《けだ》し衆芳軒の書室の机の上で想像して極めたであろうから、そこでこんな間違いを千載の下にまで遺す様に成った次第ダと思われる。蘭山の様にこれをタビラコだと信ずる人はマー一たびこれを煮てヒタシモノにでもして食って見たまえ。細やかではあるが葉に沢山な毛が生えて毛の本に硬い点床（ムラサキ科の植物には普通にそれがある）があって、嚥下《えんか》する時それが喉を擦って行《い》て気持ちの悪るい感じがする。そんな者を強《しい》て好んで食わ無くてもそのお隣りに柔かくてオイシそうな本当のタビラコがウントコサとあるじゃ無いか。常識から考えたって直《す》ぐ分る事ダ。学者は変にムツカシク説を立てねばならぬものと見える。私はこのムラサキ科の者を絶対にタビラコと認めぬゆえに、新にこれに贋《にせ》タビラコの新称を与えて置いたが、その後それにキュウリグサの名がある事を知った。これはその生《なま》の葉を揉めばキュウリ（胡瓜）の香がするからである。

また今日世人が呼ぶ唇形科のホトケノザを試に煮て食って見たまえ。ウマク無い者の代表者は正にこの草であるという事が分る。しかし強いて堪えて食えば食えない事は無かろうがマー御免蒙るべきだネ。しかるに貝原の『大和本草』に「賤民飯ニ加ヘ食フ」と書いてあるが怪しいもんダ。こんな不味い者を好んで食わなくても外に幾らも味の佳《よ》い野草がそこらにザラに在るでは無いか。貝原先生もこれを「正月人日《じんじつ》七草ノ一ナリ」と書いてい らるるがこれもまた間違いである。そうかと思うと同書タビラコの条に「本邦人日七草ノ菜ノ内仏ノ座是ナリ、四五月黄花開ク、民俗飯ニ加ヘ蒸食ス又アヘモノトス味美シ無毒」と書いてあって自家衝突が生じているがしかしこの第二の方が正説である。同書には更に「一説ニ仏ノ座ハ田平子也其葉蓮華ニ似テ仏ノ座ノ如シ其葉冬ヨリ生ズ」の文があって、タビラコとホトケノザとが同物であると肯定せられてある。そしてこの正説があるに拘《かか》わらず更に唇形科の仏ノ座を春の七種の一ダとしてあるのを観ると、貝原先生もちとマゴツイタ所があることが看取せられる。唇形科品の者をホトケノザという時はタビラコのホトケノザと混雑し、すこぶる不便を感ずる。それゆえ右の唇形科品の者はこれをカスミグサと通称する様にしたらよいと思う。このカミスグサの名は江戸の俗称で、この草が春霞の棚引く頃に咲き出ずるからそう呼ぶのダとの事である。しかしなおその他にホトケノツヅレ、トンビグサ、カザグルマ、サンガイグサ、シイベログサの数名がある。前に記したタビラコの稲槎菜は支那でも野人がこれを食する事が『植物名実図考』に見えていて「郷人茹之」だの「吾郷人喜食之」だのの語が記してある。

　要するに春の七種として今世間一般にいっている唇形科のホトケノザを用うるは極めて非でこれは誤認の甚だしいものである。仮令《たとい》小野蘭山がそうダといっていてもそれは決して正鵠を得たものではない。七種のホトケノザはキク科植物の一なるタビラコの古名である。このタビラコは飯沼慾斎《よくさい》の『草木図説』にコオニタビラコとしてその図が出ている。前にもいった様にこれは支那の稲槎菜でその図が『植物名実図考』に在る。すなわち日本ではタビラコ、支那では稲槎菜である。人によりゲンゲバナ（レンゲソウはこの植物本来の名では無い）をホトケノザと称すれどこれは非である。タビラコの和名はキク科の者が本当でムラサキ科の品は偽せ者である。この偽せ者をタビラコの本物と吹聴したのもまた蘭山である。蘭山は実にここに二つの誤謬をあえてしている。

スズナ

カブすなわち蕪菁を七種に用うる時の特称。

スズシロ

ダイコンすなわち蘿蔔を七種に用うる時の特称。

スミレ講釈

スミレへの愛着

「春の野にすみれ摘みにと来し吾れぞ野をなつかしみ一と夜寝にける」と詠んだその人が、実際スミレがそこにあったのでそれでその野が殊更なつかしかったのであったとしたら、チョット他人の及ばないほどのスミレの愛人であるといえる。かくも強くスミレに愛着を感ずる人は世間に余り見受けぬであろうが、これは山部赤人でその歌は『万葉集』に出ていて有名なものである。

スミレへもこの位の愛を持たねばスミレを楽しむ人も余り大きな顔をするわけには行くまい。

しかしスミレといえばほとんど誰れでもその名を知らぬものはない位だ。そして何んとなく懐かしい感じがする花である事は辞《いな》み難い。

それはナゼであるかと言うと、スミレなる小さい草がしおらしい美しい花を麗らかな春の野に発《ひら》いて軟かな春風にゆらいでいるからである。アノ濃い紫の色を漂わしかつその花の姿も何んとなく優しいので、どんな人でもスミレを可愛らしいものとして礼讃しない者は無いであろう。

「スミレ名」談義

スミレという名を聞けば何んということなしにそれが佳《よ》い名で慕わしく感ずるのであるから、これはそのスミレなる名の起りに対し盲目であるのが寧《むし》ろ賢こいではあるまいかと思われる。何んとならば実は一たびその語原を識れば、どうも彼れの美名が傷《きずつ》けられるような気がしてならないからである。

スミレはかの大工の使う墨斗《すみいれ》の形ちから得た名で、それはスミレの花の姿がその墨斗に似ているからだというのである。すなわちそのスミイレのイが自然に略せられてそれがスミレと成《なっ》たのだと言う訳だ。

昔から我日本人は菫の字をスミレに使っている。また菫菜も同様である。がしかしその菫も菫菜も共に決してスミレその者ではないから、これをスミレとして用うるのは大いなる誤である。そしてこの菫も菫菜も両方共に少しもスミレとは縁の無い字である。しかしこれを菫菫菜と菫の字を二つ層《かさ》ねて用いた時にはここに始めてそれがスミレとなる。しかしその菫菫菜が我がスミレの何《いず》れに中《あた》るかは今遽《にわ》かに分り兼るが兎《と》に角《かく》スミレのある一種の名でそれは支那でそういうのである。この様に菫の字を二つ層ねてそれへ菜の字を加え、そこで始めてスミレの名となるが、それを菫の一字を用うるかあるいは菫菜の二字を用いただけでは決してスミレとはならないという事を吾等は確かと知っていなければならない。

しかればすなわち植物の名として菫ならびに菫菜は元来何を指しているかと言えば、これはかのセロリすなわちCelery（学名では *Apium graveolens* L.）をいうのである。菫はすなわち芹と通じ菫菜とも書き繖形科植物の一種の名で、これは支那で蔬《そ》として圃に作っている。すなわちいわゆる旱芹で今これを解り易く書いて見れば、

菫　　（芹）　　セロリ（オランダミツバ）
菫　菜（芹菜）　セロリ（オランダミツバ）
菫菫菜　　　　　スミレの一種

である。

右のセロリのオランダミツバはまた一にキヨマサニンジンと称する名のあるのは珍である。これは昔加藤清正が朝鮮征伐の時同国からその種子を齎《もた》らしたもので、それがその後安芸の国広島の城地に野生の姿で生えていたそうだが、多分今日では最早《もはや》疾《と》くに絶えていてそれが一場の昔語りになっているのであろう。ナゼ清正がワザワザこんなものを朝鮮から持って来たかというと、彼の朝鮮征伐の砌《みぎり》これは名産の薬用人参で候《そろ》と朝鮮人に騙されそれを真に受けてこれこそ貴い朝鮮人参だと信じて携え帰ったものらしい。セロリにもこうした奇談があるのは面白いではないか。

また紫花地丁という名があって支那でこれをスミレの一種に使っている事もあれば、またマメ科植物の一種でイヌゲンゲ（学名でいえば *Gueldenstaedtia multiflora* Bunge.）という者に使っている事もある。この草は日本には産せず独支那のみに在る宿根草で一に米布袋とも称える。

スミレ類の名としては支那産の者には上の菫菫菜の外に種類によってなお、匙頭菜、犁頭草、箭頭草、宝剣草、如意草などの名がある。

スミレにはまた我邦諸州によりいろいろの方言があって、スモトリグサ、スモトリバナ、カギトリバナ、カギヒキバナ、アゴカキバナ、カギバナ、トノノウマ、トノウマ、コマヒキグサ、キョウノウマ、キキョウグサなどの名がある。また一夜グサと一葉グサとは古歌に用いられた名であって、その歌は「一夜ぐさ夢さましつゝ古への花とおもへば今も摘むらん」、ならびに「いのちをやかけて惜まん一葉ぐさ月にや花の咲かむ夜な〳〵」である。

我日本はスミレの種類の多いこと実に世界一で、つまりスミレでは日本は世界の一等国である。日本はスゲ類でもそうである。なんと盛んなもんではないか。世界万国に対し妬々《そねめそねめ》と言いたいところだ。我邦のスミレ類は一百の種《スペシース》をズット突破している。すなわち全世界スミレ類のほとんど五割に近い数を占めているのはエライもんだ。これらは皆 Viola というスミレ属に属するものでこの Viola は俗に言えば Violet である。Viola は原《も》とスミレのギリシャ語 ion に基づきそれに小さい意味を持たせたラテン語字体である。そしてこれらのスミレ属などが相集っていわゆるスミレ科すなわち Violaceae を構成している。

無茎品と有茎品

日本に在るこの沢山なスミレ類はこれを二つに大別する事が出来る。すなわちその一は茎の立たない種類でいわゆる無茎品である。またその一は茎の立つ種類でいわゆる有茎品である。普通のスミレは無茎品の一例でタチツボスミレは有茎品の一例である。そしてこの有茎品と無茎品とを比べて見ると無茎品の方がズット多い。

無茎品の諸種はその葉が皆根生で極めて短い直立の地下茎から叢生し花茎も同様根生である。これは普通のスミレを見れば直《す》ぐ合点が行く。根は鬚根で右の地下茎から下に発生している。

有茎品の諸種もその始めに出る葉は根生であるが茎が立つと皆互生せる茎生葉と成る。

葉には葉柄があって柄本には托葉がある。無茎品の者にはそれが葉柄本に沿着しているが有茎品の者はこの托葉が分生している。そしてその中には櫛歯状に分裂したものなどもある。葉片はその形状が種々で長い者円い者がありまた裂けている者もあって、種類によって各異っている。また葉面に毛のある者、あるいは斑紋のある者、あるいは光沢のある者、あるいは葉裏に紫色を帯ぶる者などがあり、また大抵は葉縁に鋸歯がある。

葉腋から花茎（植物学ではこんな葉の無い花茎を葶と称する。彼の水仙、ヒアシント、サクラソウなどの花茎もそれである）が出てその頂に横を向いて一輪の花を着けている。花序は単花の様ではあれど実は一花ある聚繖花である。この花茎の途中には必ず二枚の小さい苞（苞とは花の近くに在る小《ちいさ》い葉をそういう）が何時も極った様に着いている。極めて稀れにこの苞腋から小梗が出て、愈《いよい》よその花序が聚繖的である証拠を提供する事がある。

花の解剖

花には一番下に小い緑色の萼片が五つある。次に五枚の花弁があって通常は紫色を呈している。この五つの花弁は上に二枚、横側に二枚、下に一枚がある。この下の一枚は脣弁で、他の四枚とは違って紫の脈が幾条も通りその後ろの方に一の長い嚢（植物学では距といわれている）が後ろの方へ突き出ている。この距の中には蜜液が分泌せられている。

花の中央に五つの小さい雄蕊があって白い花粉が出る。その花粉を持った嚢を葯というがその葯の頭に黄褐色の鱗片が着いている。花の中にこの雄蕊を上から覗くとそこが茶色に見えるのはこの鱗片のあるためである。

右の五つの葯の中でその下の方の二つには特別に長い脚を持っていて、それを花の距の中へ突き込んでいる。元来それがこの様な仕組みに成っている事については、このスミレの花に取ってどうしても見逃せない意義のある所であってその理由は下に述べる。

花の中心には上の雄蕊に取り囲まれて緑色をした一の子房がある。この子房の上には一の花柱が立っていてその花柱の端が広く成っていわゆる柱頭を成している。この柱頭は少しく粘ば粘ばしている。そして子房の中には沢山な卵子があってそれが後に種子に成る。

前に書いた雄蕊の附属物なる二本の脚は、既に上に述べた様にそれが何時も彼の花の後ろに突き出ている距の中へ突き込んでいる。ナゼこの花の中がこの様な仕組みに成っているかというと、これはこの花に於ての雌雄の結婚に好結果あらしめんための手段なのである。すなわち雄蕊から出る花粉を雌蕊の柱頭へ着けてやらんとの希望の現われである。

虫との交渉

元来から言えばスミレ類の花は先天的には虫媒花であったのである。すなわち昆虫が媒介してくれる花なのであった。それゆえその花の組み立てが総て虫媒花向きに出来ている。

　まず第一にその花が横向いて咲いているのに注意を払って見る。それは横あいから虫が飛んで来て花に入るのに具合が好い。また花は美麗な色をしているのでそれが目標にもなるでしょう。虫が来ればそれが止まらねばならないが、それにはその最下に在る一花弁すなわち唇弁がその足場と成ってくれる。そして雄蕊から出ている二本の脚が距の中へ入って居りこの距の底には蜜がある。来訪した虫が右の花弁の一なる唇弁に抱き付いて見ると、これも前に書いた様にそこに目に立つ紫の脈線が奥の距の方に向って集り走っていて、この奥には蜜があるぞよとその蜜の所在を指示してくれているので、虫はその指示に従いその嘴を距の中へ入れそこに在る蜜を吸うのである。

　この様に虫がその頭を花の中へ差し込んでその嘴を距に入れた時、その距の中へ突き入っている雄蕊の脚に虫の嘴が触れて自然にそれを動揺さすので、丁度それが槓杆の役を務めてそれに連っている雄蕊の葯が動く事になる。そうするとその葯嚢からサラサラした花粉が丁度そこへ来ている虫の頭から背へかけて降りかかって、その毛のある頭あるいは背に附着する。虫自身にはそんな事のあった事は全く知らなく、よい加減蜜を吸ったらそこから嘴を抽《ぬ》き出し、復た他の花に這入って行く。そこで新たに訪ずれた花へ頭を差し込んだ刹那、その頭あるいは背に着けて来た花粉を今度は丁度その虫の頭の上へ差し出ている粘り気ある柱頭へ自然に触れてそれへ附着さすのである。そして虫はかく自然にその媒介を務めてくれ、この花に取って極めて重大な役目をしてやっていながら自分にはあえて何んともそれを自覚していないのはすこぶる面白い現象でしょう。つまり花は蜜の御馳走で虫を誘惑しその花に取ってとても大事な事をして貰っているのは、アノ虫も殺さないような優しいスミレの花も中々狡猾なものともいえるが、しかしまた一方から考えるとこれぞいわゆる共栄共存の自然の配剤であるとも首肯かれる。

美しき石婦

だが、この様に巧妙に出来た花も今日の世界ではこの草に取って絶対的にその役目をなしてはいない様に成っているのは余りにも不思議な現象であるといわねばならない。つまりスミレ（尤《もっと》も三色スミレは除いて）は、前世ではそうでは無かったろうが現世では只無駄に花が咲いていると極言する程に強く言わなくとも殆んどそれに近い状態に在るとはいい得るのでこれは丁度、生《う》まずの女すなわち石婦《うまずめ》かあるいは何時も弱々しい子供しか生み得ぬ婦人かが粧いを凝し嫣然《えんぜん》と笑って媚を呈しているようなものである。この点ナント自然界の矛盾なイタズラではあるまいか。

草木の花は種子を拵《こしら》えるに在る。種子を拵えるは子孫を継ぐに在る。子孫を継ぐのは系統を絶さないに在る。これは人間も同じ事だ。人間に男女があるのは畢竟《ひつきよう》我が人間たる系統を続かす為めに子を生まねばならぬ重大な役目を持っているからである。それゆえ私は独身生活は最も大なる罪悪だと信じて疑わない。男も女も何の憚《はば》かる事なく大ビラに結婚すべしだ。そして子宝といわるる子供をウント拵えるべしだ。これがすなわち天から我等に賦課せられた最も重大な人間の責任である。私は絶叫する。独身でいるのは霊智の人でありながら無智の草木に恥ずる行為だと。

妙な処へ気焔を吐き散して相スミマセン。スミレはアノ通り美花を開いてもその目的の実が生《な》らず（中には生る事も無いでもなけれど）種子が出来んとして見ると、これはスミレの一生に取っては実に容易ならぬ一大事でウッカリしてはいられない事件だ。

結実の妙味

しかし世の中は好くしたものでスミレは花はどう咲いてもよい。それには秘伝がチャンと備わっている。すなわちそれは閉鎖花という代理が出来ていてコッソリとそれが盛んに実を拵え種子を拵えるのである。スミレの様に盛んに閉鎖花を出す植物は他にそう沢山あるものではない。かのスミレの顔《かん》ばせを成せる花が凋落し行く頃からこの閉鎖花が出る。閉鎖花とは名の如《ごと》く閉鎖した花で一向に色のある普通の花弁を出さない。そして何時の間にそれが出たか素人には一向に目に着かない。何時とはなしに続々と出てこれが盛んに強力な種子を拵えるのである。

スミレのこの閉鎖花は普通の花と同様にやはり花茎があるが、一般にそれが短くて通常葉の下に隠れて居り、葉もまたこの時分には春の者よりはズット大きく成っている。この閉鎖花は春から夏秋と続いて出る。これには萼はあるが花弁が不発育で雄蕊も僅かな数しか無くその中央に子房があり柱頭を有する。花が咲いたとしても始終閉じていて丸で嫩《わか》い蕾を見る様である。そして実が熟する時は花茎が長くなって葉の上に露われる事が多いが、また絶えず葉に隠れて地面近くに出来る者もある。

種子の散布工作

実は小さく円い者もあれど通常は楕円形の者が多い。熟すると三つの殻片に裂けて開き中の種子を飛散さすのである。そしてそれを我が株の周囲四方へ飛ばすのは広い地面へ新しい苗を生《は》やささんがためである。またその上にその種子には肥厚せる肉阜が附きこの肉阜は後ち容易に種子から離れる様に成っている。この種子が地面へ散り落ちた後蟻に見付かれば忽《たちま》ちその巣まで運ばれてその膨らんだ肉阜が食物とせられ、種子をば地面に放棄するのでそこにもまた新苗が萌出するのである。今試みにその種子を飛ばす工夫を注意して視るとそれがまた仲々面白く出来ている。すなわち三つに分裂した殻片は存外その質が硬くその舟の様に成っている中央部へ縦に円い小さい種子が駢《なら》んで着いている。実が裂けた始めはまだそれが行儀よく駢んでいるが間もなくそれがバラバラと四方へ弾け飛ぶのである。どうしてこの様に飛ぶかと言うとその種子の駢んでいる殻片中央の部分が縦に小溝を成して居り、その小溝の両側が殻片の乾くに従い左右から種子を挟みなおその乾く事が進むにつれますます収縮し両側からの圧力がひどく成るもんですから、遂に斜面作用で種子を外の方に逼《せ》り出して飛ばすのである。種子の飛んだあとは実の殻が三つに開いたまま長い花茎の頂に残っているのをよく見かける。

香　気

まず大体これでスミレの草の事が判ったであろう。そしてこれらは皆宿根草であるが唯外国産の三色スミレだけは通常一年生植物である。

西洋産のスミレのスウィート・ヴハイオレット（Sweet Violet）すなわちニオイスミレは、花は紫で美麗であるがこれは主としてその香気が珍重せられるスミレである。日本ではスミレとしては皆その花色の美とその花姿の可憐なのを愛でて香は一向に注意しない。それは我邦のスミレ類には一般に香の無いものが多く、中にはエイザンスミレならびにニオイタチツボスミレの様に香《にお》う者も無いではないがその香は一向に貴ばれていない。

邦語のスミレは、今日では西洋のヴハイオレット（Violet）の様にこの類の総名として取扱った方がよいので一般の人々はそう心得てしかるべきだが、今日植物学界ではスミレといえば唯ある一種の物に限られて使っている。そしてその他の種類へは皆その上に一の形容詞を付けて、例えば小《コ》スミレ、茜《アカネ》スミレ、野路《ノジ》スミレ、深山《ミヤマ》スミレ、立《タチ》スミレ、源氏《ゲンジ》スミレ、円葉《マルバ》スミレあるいは黄《キ》スミレなどと呼んでいる。

ツボスミレの「ツボ」

昔からツボスミレの名があってよく歌に読み込れている。例えば「山ぶきの咲きたる野辺のつぼすみれこの春の雨に盛りなりけり」あるいは「茅花ぬく浅茅が原のつぼすみれ今盛りなり吾が恋ふらくは」などがこれである。このツボスミレの名は今日植物学界ではある一種の小白花を開くスミレに限り用いられていれど、元来はこの昔からいうツボスミレは紫の花が咲き、庭先きから野辺へかけてのスミレの一種を指した名である。

人に依りてはツボはその花が蕾《つぼ》める形ちで、宛《あた》かも壺に似ているからツボスミレだと解いていれど、私は既に往時のある識者が言っている様にこれは庭に生えているスミレの意であると思う。つまりツボスミレの場合のツボは庭先きにつづいた野も一緒に含めて言ったものである。

ツボはかの源氏の桐壺のツボと同様まずは庭の事だと思っていればよい。今日では庭の事をツボといっている処は少ないが、私の郷国の土佐では昔の名が遺っていて、なお今日でも庭先きの事をツボと呼んでいる。聞く所によれば名古屋辺でもそうであるそうな。しかし庭といっても樹木を植え込んだ庭園の事では無くて家の前の広場すなわち坪である。例えば「麦をツボへ干す」、「子供がツボへ蓆《むしろ》を敷て遊ぶ」、「ツボで独楽を舞わす」などと言わるるツボである。

ある広さを有するツボすなわち坪もツボスミレのツボも同意義であると言っても別に差支えない。

ツボスミレは昔始めは手近かな庭先きに生えている者を見てそうその名を呼んだものだろうが、しかし後ちに野辺で同様見出されてそれをやはりツボスミレといっても、あえて何んの不都合もありはしない。それは丁度カワホネが川で無い池に生えていてもやはりカワホネでイケホネとはいわぬと同じ事、また山ザクラが野の在てもやはり山ザクラで野ザクラとはいわぬと異ならないのである。

彼の繖形科品のツボクサは坪クサすなわち庭クサの意で、この草も庭先きの地などに生えるからそういうのである。しかるに『大言海』に「其花、形、靫ニ似タレバ名トスト云フ」とあるのはその解の正を得たものではない。そしてツボクサの花は決して靫には似ていない。

〔補〕今日植物学者のいっている小白花のツボスミレは実はその名を間違えている。そしてこれをそういい出したのは田中芳男、小野職愨《もとよし》の両氏で、それは明治七年頃である。またタチツボスミレも不要な和名でこの者は万葉歌にもあるツボスミレで宜《よろ》しい。すなわち紫花を開く普通なスミレである。このツボスミレの名を今日植物学者は前述の様に小白花品をそういっているのは悪るい。これは如意スミレというものである。

ツバキ、サザンカ並にトウツバキ

ツバキ

ツバキはどんな人でもよく知っている花木である。それは常磐木で四時青々として居りかつ葉が闊《ひろ》く滑沢で艶があるからその繁った葉ばかりの木を眺めても立派であり、その上その緑葉の間に咲く花が大きくて色が鮮やかだからそれで一般誰れにでも愛好せられる。

全体ツバキとはどういう意味でかく呼ぶかと言うと、これは葉が厚いからアツバキという意で、そしてそのアがとれたものだといわれる。また一説にはこれは光葉木《てるばき》でそのテルが縮まるとツになるのでそれでそういうのだともいわれている。更にまた一説では多分それは艶葉木《つやばき》の意でそれがツバキになったものだといわれている。そして右の二説は共に葉の光沢に基いたものである。

ツバキは暖い処にばかり在るかと思うと決してそうばかりとも限らなく、我邦の北へ行けば青森県にも秋田県にもあって自生している。秋田県で私の見たのはかなり高い山地に育っていた。しかしそこでは中々よく茂っていたけれど丈けはあまり高くはなかった。我邦南方の暖地では中々盛んに茂っていてかつその分量も沢山だし、またその丈けも高く、中には幹の中々大きなものもある。

このように山野に野生しているものをヤマツバキともヤブツバキともいい、花は一重咲きでその色は何《いず》れも唯一色の赤いのばかりであるが、しかし白色のものまたは淡紅色のものも見付からぬでもなく、それは極々稀れで滅多には出逢わなく大抵は何処へ行っても赤色花の品ばかりである。

このツバキは春に花がすんで秋になるとかなり大きな円い実がなる。すなわちツバキの実で国によりこれをカタシと呼んでいる。秋が深けて来るとその実が裂けて中から大きな黒い種子が出て地に落ちる。これを拾い集めてそれから搾《しぼ》り採った油がいわゆる椿油である。通常婦人の髪に附けて賞用するが、この油はまたテンプラ揚げに用いても上乗である。

野生すなわち自然生のツバキは上の様に花色が赤の一種でまた葉の状態も一様だけれど、人家に栽えてあるツバキは花も多様で葉もまた往々異形がある。かのヒイラギツバキ、キンギョツバキなどは葉の変った品でありまた斑《ふ》入りの葉のものもある。また花は誰れでもよく知っている様にその色に赤、白があってそれに濃き淡きの差がありまた斑駁になったもの条文になったもの星点になったものなど一様でなく、また花に単葉もあればあるいはいろいろの度合いの重弁もあり、そしてまた花に大小がある。これらは大抵皆ツバキ持ち前の花の型を有してその花弁の底が相連合しているから、花が謝する時はそれがボタリと地に落るが、中にはチリツバキと称して花弁がバラバラになって散るものもある。また雄蕊が弁化したものなどもあって実にその様子が千状万態で、これらの園芸的品種を算《かぞ》うる時は百も二百もあるという訳です。

これらの沢山な品種は皆、その原《もと》は前に記した単純なヤマツバキから出たもので、永い歳月の間人手にかかりて栽培せられて居るうちに変り品が一つ出来二つ出来、それから段々に種々新しい変り品が殖え遂に今日の様な多数の品に成ったものです。まだこれからでも人工媒助によっていろいろの新らしい品種を作る事が出来る訳だが、それは園芸家の技倆に俟《ま》つべきものである。

往時にはツバキを熱愛し大いにその品種を蒐集した人もあったであろうが、今日では特にこれを嗜好する専門好事者が無い様に思う。それゆえそのいろいろの品はまずこれを植木屋の方面で見るより外途がない様に思われる。しかしこれは何となく物足りない感じがある。何を言えツバキは我が日本の名花であの通りの美花を開き葉を併せて大いに観賞せらるべき資格を備えたものであって見れば、誰れか大いにこれを蒐《あつ》め楽むという人が出そうなものだがと実はこの東洋に著名な花木のために私《ひそ》かに希望して止まないのです。日本国中に在るあらゆる品々を集めて一つのツバキ園を作る人は無いでしょうか。もしそれを実行する人があったとしたら、確かに世界に誇るに足る日本一のツバキ園を作る事が出来る訳です。例えば一山を全部一体のツバキ園としたら、それこそ後世にも遺るツバキの一大名園となるであろう。ツバキは栽培も容易であるから思うほどの手数もかからずにこれを経営する事が易々と出来ると私は信じている。

ツバキが余り世間普通の品となっているため余り人々の注意を惹かぬ様ではあれど、考えて見るとツバキほど美事な花を開く木は少ないでしょう。そしてその小さい一、二尺の小木でさえも容易に大きな美花が咲くではないか。そしてそれが常緑の葉と相映じて発《ひ》らくという立派さ、一寸《ちょっ》と他に類の無い花木である。さればこそ西洋人はツバキに大変な趣味を持ち、もうずっと昔に沢山な苗木を欧洲に移植しそれを図説した立派な書物が疾《とっ》くに出版せられて居りその書価も百円以上で日本は頓《とん》と顔負けがしている。

日本にも昔からツバキを写生した図は無いでも無く中には中々見事なものもあるが、しかしそれを出版してツバキ国の体面に恥じない大きな書物としたものはまだ一つもありはしない。ツバキの本国であり東洋で誇る花でありながらこんな有様では誠に残念至極で、ツバキは屹度《きっと》世人の無情をかこちて泣いているでしょう。

ツバキは支那にもあって同国ではこれを山茶《さんちゃ》と称する。それはその嫩葉を茶と作《な》して飲む事が出来るからそういうとの事であるが、日本ではそんな事は一向にしない。日本の昔の人は支那の海石榴をツバキの漢名だとしているが、この名は単にツバキ中のある品を指す名でツバキ全体を代表する名ではなく、これを代表する漢名は前の山茶である。

ツバキを通常椿《つばき》として書いてあるが、それは漢名ではなくこれは日本人の製した和字であるという事を知っていなければならない。それは彼の峠《とうげ》だとか榊《さかき》だとかまたは働《はたらく》だとかいう字と同じで固《もと》より支那の漢字ではない。ツバキは春に盛んに花を開くのでそれで木偏《きへん》に春を書いてこれをツバキと訓《よ》ませたもので、これは艸冠《くさかむ》りに秋を書きその萩の字をハギと訓《よ》ませたと同趣である（萩の字は支那にもあれどこれは全く別の意味の字でただ字体が同じいばかりである）。それゆえ椿には実は字音というものは無い筈だが、しかしそれを強《しい》て字音で訓《よ》みたければこれをシュンというより外致し方があるまい。

　しかるに世間ではツバキの時の椿をもチンと発音して呼んでいるのは、とても滑稽で不徹底でいわゆる認識不足というヤツです。これは昔の人、イヤ学者が椿の字については味噌も糞も一緒にしている結果なんです。

　椿の字は無論支那の植物にもある。その植物は今は日本にも来ていて諸処に植えられてある樹で我邦ではこれをチャンチンと呼んでいる。全体どういう訳でそれをチャンチンというかと言うとこれは実はヒャンチンの転訛で原《も》と香椿《こうちん》の支那音である。それならばなぜ椿《ちん》を香椿《こうちん》というかというと、この椿《ちん》に類似した支那の樹に樗《ちょ》というものがある。この樹も今日本に渡って来てこれまた諸処に見られ、始めはこれを神樹《しんじゅ》といっていたが今日はニワウルシと称している。この樗《ちょ》の方の嫩葉は臭くて普通には食用にしないが椿《ちん》の方はそれ程でなくまずまず香気があってその嫩葉が食用になる。それゆえ樗《ちょ》の方を臭椿《しゅうちん》といい椿《ちん》の方を香椿《こうちん》と称えて区別しているがその香椿の支那音がヒャンチンなんです。前に記した様にそれを日本ではチャンチンといっているのである。

このチャンチンの椿《ちん》は落葉喬木で大なる羽状葉を有し梢に穂を成して淡緑色の細花を綴り、ツバキとは似ても似つかぬ樹なのである。この樹の名の椿《ちん》の字をツバキの和字の椿《つばき》の字と同一にて視てツバキの方の椿をもチンと発音しているのは、とても間違いの甚だしいものである。

昔のある有名な一学者は椿《ちん》（チャンチン）の日本の古名にタマツバキという称えがあるからそれで椿《ちん》（チャンチン）の字をツバキに誤用したといっている。まだその上にこの椿《ちん》（チャンチン）は我が日本に昔から多いものだけれど昔の人はそれを知らないで、それでワザワザ支那から椿の苗木を取り寄せこれを山城宇治の黄檗《おうばく》山万福寺へ植えたと言っている。かくそれを黄檗山へ植えたという事は事実であれどもその他の事は大変な間違いで、椿《ちん》（チャンチン）は絶対に日本に産せぬから昔から我邦にある理由《わけ》は無く、従ってその樹に対するタマツバキの植物の名が旧《ふる》くから日本に存する筈がない。

今から凡そ二百七八十年程も前の寛文年間に始めてこの椿《ちん》（チャンチン）が我日本へ渡り来り、前に記した様に始めこれを黄檗山万福寺へ植えたといわれる。そして同寺では一時チャンチン料理があったと伝えられている。それから後ち該樹が漸次に諸国に拡まり今は諸処にこれを目撃する様になっている。大した功用のある樹ではなく我邦では誰れもその嫩葉を食うものはなく徒《いたずら》に人家に植えてあるに過ぎない処が多いが、越後ではこれを稲掛けのために植えてあるのを見受けた事がある。この樹はよく根元から芽を吹くものゆえその分蘖《ぶんげつ》によって容易にこれを繁殖さす事が出来るのである。嫩葉は紫色で初夏枝頭にそれが芽出つ際はその観大いに他樹と異っている。

この樹をチャンチンというの外、これを植えておくと雷が落ちぬとてカミナリノキ、幹が高く直聳《ちょくしょう》しているのでクモヤブリ（雲破り）あるいはテンツヅキ（天続き）の名がある。また葉がよく高い梢上に繁って日光を遮ぎるのでヒヨケノキ（日避けの木）の名もある。なおシロハゼ、ユミギ、ナンジャノキなどの方言もある。

ツバキを賞讃して八千代椿《やちよつばき》と称える訳は支那に『荘子《そうじ》』という書物があってその書中に「大椿《タイチン》ナルモノアリ八千歳ヲ春トナシ八千歳ヲ秋トナス」（原《も》と漢文）の語がある。それで昔の人が八千歳の長き春を保つとこの書に在る大椿を我が椿《つばき》と同視し、かく支那の椿へ我が椿《つばき》を継いでそこで八千代椿《つばき》の合作名を拵《こしら》えたものである。この名は誠に芽出度い名なんだから更に讃美の言葉を呈《あら》わす玉椿《つばき》の名も出来た訳だ。この八千代椿もまた玉椿も実際はツバキの植物名でも無ければまた椿《ちん》（チャンチン）の植物名でも無くこれは畢竟《ひっきょう》只文学的に生れた名称たるに外ならないのである。

先年私が紀州へ旅行した時、新宮《しんぐう》の町の店先きにツバキの生葉を十枚ずつ括《くく》って売っていたのを見たのでそれは何にするかと聴て見たら、これはその葉を巻いてその一方の端の方に刻み煙草を詰め恰《ちょう》どシガーレットの様にそれで喫煙するのだとの事であった。そして私はその原始的の有様を見て大変に面白く感じた。

鹿を山へ放つと他の木はそうではないが鹿は特に嗜《この》んでツバキの木の皮を食うのである。安芸の国の厳島（宮島）の山林中へ這入って行くと、そここにこの鹿が食ったためその木の本の方の樹皮が頻々として傷害せられたものに出逢う。全体それは鹿がどういう原因でかくもツバキの木の皮をのみ好むかとの問題を前に控えてその解決は何んでも無い事だ。それは鹿が山を飛び廻って口が乾くから、ツバキを食ってツバキ（唾）を拵えるためであるというのはこれはただ思い付いた一場のシャレでゴザイ。こんなシャレが出るようになってはもはや真面目な話もダメだから、ツバキの話はこの辺で断然切りあげましょう。

サザンカ

ツバキと姉妹の品にサザンカがある。これは庭園に種《う》えられてある常緑の花木で衆花既に凋謝《ちょうしゃ》した深秋の候美花を放《ひら》くからすこぶる人々に愛好せられている。

この木もまたツバキと同じく日本と支那との原産である。我邦では四国、九州の暖地山中に自生の木があって一重咲きの白花を発《ひら》くが、人家栽植の品には花色に種々あり花形に大小がある。葉もまた家植品は総体に闊くて厚いのが普通である。これらは皆永く培養せられた結果でその母種は前記の自然生サザンカである。

サザンカも花が了《おわ》ると後に実が出来るが、この木は秋に開花するからその実は翌年の秋に熟する。それはツバキの実よりはズット小《ちいさ》く、円くて細毛があり熟すると開裂し黒い種子が散落する。この種子からも椿油同様な油が搾り採らるる。この実を小《コ》ガタシあるいは姫《ヒメ》ガタシと呼ぶのだがそれがまた木の名にも成っている。

昔の人がこの木に山茶花《さんさか》の漢名を充《あて》た事があるので、多分それからサザンカの名を生じたのではないかと思う。すなわち山茶花のサンサカが音便によって遂にサザンカに転化したのであろう。しかるに右の山茶花《さんさか》の山茶《さんさ》は元来ツバキの漢名であるからこれをサザンカに適用するのは全く誤りである。

右の様な理由だからサザンカを山茶花《さんさか》と書いてそう訓《よ》ます事は宜しく止《よ》すべきである。そしてサザンカを山茶花と書くべしという確《しっ》かりした根拠典故は元来何んにもなく、これは実によい加減に充たものである。また右の様な訳柄ゆえ、もしもここに単独に山茶花と書いてあったら旧説の人はこれをサザンカと思うべく植物学者はこれをツバキなりと為すべくそこにそれが両様に受取れてマゴツクであろう。サザンカは仮名でサザンカと書けばよいのだが、強《しい》てこれに漢名を用いたければそれを茶梅《さばい》もしくは茶梅花《さばいか》と書けば中《あた》っている。これは支那の書物の『秘伝花鏡』に出ている。

トウツバキ

ツバキの別種に唐《トウ》ツバキというものがある。徳川時代に支那から渡来した花木で葉も花も木振りもよくツバキに類似している。そしてその普通品は花が大きくて真紅色で花弁は多少重なっていて、やはりツバキと同じく春に花が咲く。葉はツバキより少々狭く葉質は剛くて表面の葉脈は溝路を呈《あら》わしている特徴がある。

これから出た種類にスキヤだとかハツカリだとかの品がある。またかのワビスケ・ベニワビスケ・コチョウワビスケなども実はトウツバキ系統のものである。これらの品がツバキの中に雑っていれども普通の人にはそれがツバキ系統のものか、トウツバキ系統のものか、チョット区別が付かないが、しかしそこにこれを見別ける鍵《キー》がある。それはその花中の子房に毛のあるものがトウツバキ系統、毛が無くて全く平滑なものがツバキ系統である。しかしワビスケなどになると、その毛が退化してほとんど無くなり、ただ僅かに数毛を見るのみの事があるので、その区別が中々むつかしい場合もある。

年首用の植物

お正月は年の甫《はじ》めで何もかも芽出度くなければならない。人々が気を新たにしてこれからまた踏み出そうというところで軍でいえば出陣という場合である。ゆえに万事縁起を祝ってその門出を賑やかにせねばならぬ。そこでお正月のお飾りの植物は芽出度ずくめのものが取り揃えてあるわけだ。
まず家の入口に門松を立てる。一方は右に一方は左に対をなして二本である。そしてその深い緑色は何となく新鮮な色を漂わしている。また一方は雄松（植物学界では黒松という）一方は雌松（同じく赤松という）を用うるのが実いえば正しい訳だ。松は昔から千歳を契るともまた千年の齢を保つともいわれ、幾年も幾年もその翠の色を保っておりその上、松は百木の長ともいわれて誠にこの上もない芽出度い貴い樹である。

松は四季を通じていつも緑の色を湛えた常磐木で、それが雪中にあってもなお青々として凋《しぼ》まず、いわゆる松柏後凋の姿を保っている。その繁き葉の一つ一つは簪《かんざし》の脚のように必ず二本の葉が並んで、これを幾千万の夫婦の偕老《かいろう》の表象だとも見立て得べく、それは「こぼれ松葉をアレ見やしゃんせ枯れて落ちても二人づれ」と唄われた通りである。また松の枝が幹に輪生している有様は車座に坐りて睦み合う一家団欒《だんらん》の相とも観るべく、また雄松は幹の膚黒みて強健なれば男の勇敢豪壮を表わし、また葉も剛ければ不撓不屈《ふとうふくつ》の精神を表わしており、また雌松はその幹の色赤ければ女の赤心貞淑を表わし、かつ葉は柔らかなれば温順な心情を表わしているともいえる。このように松はどこから見ても誠に嘉祝すべき樹であれば、これを年首の門松に用うることは真に意義深いものがあって、世人はよくもこんな良木を選んだものだと感嘆せざるを得ないのである。

竹は松に伴うて用いられ、それは万代を契るといわれ、これも目出度いものである。その葉は浮華な移り気を戒める如《ごと》く四時青々として緑の色を保ち、亭々と直上した修稈は真直な心を表わし、柔に似て柔ならず、剛に見えて剛ならず、その中庸を得た嫋《たお》やかな姿で、それが豪勇な松に配せられて寄り添うているのは剛柔相和して両者誠に相応しく感ずる。そしてその脱俗の雅容は四君子の一にも算《かぞ》えられ、または「本は尺八中は笛末はそもじの筆の軸」とも謡われてことにゆかしい性質を持っている。さればこれに梅を配し松竹梅を昔から歳寒三友と称えらるるも誠にゆえあるかなである。

注連縄《しめなわ》は家の入口に張るのだが、これをそうするのは邪気を払い不浄を避くるためである。そしてその縄は直ぐ前の秋に刈り取った稲の清らかな新藁で作り、一方の端を揃えてそれを切ることもなしに束ねたままを用いるのが正式で、これは飾り気のない質朴な心情を現したものである。また縄は縄墨とも連ね書いてあって、心の曲らぬ意味をも現したものとも解することが出来るのである。

橙は代々に通わして子々孫々連綿と継承相続し何代も何代も続く家の長久を表象させたものである。すなわちそれはその家の系統を重んじそれを断絶さするのは大罪悪であることを反映しているのである。橙をダイダイというのはこの実が初めは緑色で、秋になり熟すれば赤黄色となり、それが樹上にあって年を越し翌年になれば再び緑色を帯び来って初めの緑色に還り、かく色が重なるからそれで代々といわれるとのことである。そして回青橙という名もこれに基づいて名づけられた訳である。またその実の蔕《へた》が二重になっているからダイダイといわれるとの説もある。

裏白は暖地の山に繁茂している常緑の羊歯で、その葉の裏が白色を帯びているからそれでウラジロの名がある。このように四時葉色が変らず質も剛くその整然として細裂している葉姿も頗るよいので、それで元日の目出度さを祝うてこれを用い初めたものであろう。この羊歯にモロムキの名があるが、これはすなわち諸向きの意で共に向い合う事であるからこれが夫婦差向いの象にとれる。またこのウラジロは元来シダ（今日ではシダはこの類の総名のようになっていれど実はこのウラジロの名である。ゆえに昔はシダといえばウラジロを指したものである）の名があるので、そこで歯朶の字をこれに充ててこれをヨワイノエダと訓《よ》ませ長寿を表象させている。すなわち朶は通常長く繁く生長しているものゆえ、それを長く生きる意味に取ったものである。

昆布はヒロメという名があるのでこれを広がるの意に用い寿祝の品とする。世間ではこれをヨロコンブとして喜ぶの意とすれど、実はこの品を祝儀の場合に用うるのは前のヒロメの名があるからである。すなわちそれは丁度末広を芽出度い言葉として用いるのと同様である。

コンブは昆布の支那名に基づいて昔から呼んでいる名ではあれども、元来この昆布と支那でいったものは実にワカメのことで、いわゆる今日本でいっているコンブその物ではないのである。つまり名の充てそこないである。そしてコンブの本当の支那名は海帯である。

譲り葉は常磐木で四時青々と茂っているが、しかし初夏の候になるとその葉が新陳交代するのである。すなわちその時分に新葉が萌出し来ると前年の旧葉が落ち散るので間もなく新しい葉に変ってしまう。それでこれをユズリハと称する。かく葉の交代するものはひとりこの樹ばかりではないけれど、中でもこの樹の葉が大きくて目立ち姿も色もよいからそれで特にユズリハと呼び、またこれを正月に用いたものである。これを用いるのは家では親は子に譲り子は孫に譲りかく譲り譲りして、代々相伝え永くその家が繁栄し続くのを表象し祝ったものである。

いろいろの書物にユズリハを交譲木と書いてあるがその字面は誠によいけれど、実はこれは誤りである。また楠をユズリハとするのも誤りでこれは日本にない木である。前の交譲木はこの楠の一名である。また旧《ふる》くは楠をクスノキとしてあったが、これは固《もと》より間違いでクスノキは樟である。世間にはこんな誤りがザラにある。

ホンダワラは今日ではこのようにいっているけれど、元の名はホダワラであった。そこでホを穂に利かせタワラを俵に利かせて穂俵となし、めでたいものとしたのである。穂は稲麦などの穀物の穂で俵は穀物を入れる俵であって、この穀物の入った俵があればまず生命には別条がないからこんなめでたいことはない。昔は海藻で小《ちい》さい米俵の形を作って祝ったものといわれている。

旧《ふる》くこの海藻をナノリソといった。また神馬草の名もあるが、これは昔神功皇后が三韓を征伐せらるるとき渡航中、船の中で馬糧が尽きこの海藻を飼料に代用したので、それでこれを神馬草といったとのことである。

蝦は長寿の表象として用いるもので、その鬚があって体の曲っているのを長生きの老人に見立てたものである。ゆえにエビを海老と書いてある。すなわち海の老人である。ことにその姿勢が勇壮で色も鮮やかだからなおさら賞用せられたものであろう。

トコロもエビと同じくこれも長寿の老人を表象したものである。その地中の地下茎の曲ったのを老人の腰の曲ったのに喩え、その鬚根を口鬚に比したものである。それゆえトコロを野老と書いてあるがこれは野の老人の意味で、それはエビを海老と書くのと同じ趣である。

トコロは通常萆薢と書いてある。古くはトコロズラといったもので今ではこれにオニドコロの名がある。この地下茎なるイモはその味が極めて苦いが、ところによるとこれをアク汁で煮てその苦みを薄らげ食用にすることがある。この草は茎は蔓をなし山野いたるところに生ずる。

搗栗はシバ栗の実を日に干し臼で搗《つい》て殻と渋皮とを去った中身である。カチグリのカチは搗くことであるが、そのカチの音が勝に通うのでこれを勝栗と利かせ、戦争や勝負ごとなどに勝つとして縁起を祝うたものである。

柿はその実の干したものすなわち串柿などを用いるが、これは丁度この時節に用うるに都合がよいからであろう。しかしまたカキは万物を掻き取るの義として祝の一にしたものといわれる。

蜜柑は昔のタチバナであって、これに橘の字があててある。タチバナは百果の長で古い歴史を持った由緒ある良果であればこれを祝嘉のものとしてあるのである。

榧はどういう理由で正月に用うるかよくわからぬが、この実は十二指腸虫を退治することの出来る特効がある。かつ油を含んだ木の実でもあれば人体の養いになり、従って息災延命の幸いも得べければ嘉品として用うることになったであろう。

〔補〕 前文にあるナノリソはまたナノリソモともいいこれは古名で漢字では莫告藻と書く。すなわち告げてはならぬ藻という意である。それには故事があってその中に波摩毛、すなわちハマモの名が見え、これは浜藻でそれは海藻のホダワラであろうとの事である。しかるにこの莫告（ナノリソ）を莫騎（ナノリソ）の意味に変えて神馬藻の字を書き出した、この神馬は神社に奉納しある馬で神様が御乗りになるものであるから常人はこれに乗れない。それでそれが莫騎すなわちナノリソ（乗ッテハナラナイ）である。本文に在る神馬草は神馬藻で、その解は一の俗説であろう。またホダワラの俵は元来穂の様に成っている藻の体上に個々多数に着いている小い浮嚢、すなわち俗にいう実の形の相似から来たものであるが、本文にもある通り昔はこの海藻で小形の米俵を作って供えたとの事である。

植物学訳語の二、三（上）

植物学

Botany を植物学と訳したのは Chemistry を化学（支那の書に『格物入門』と題するものがあるが蓋《けだ》しこの書が同国で化学の訳語を用いた初めではないかと思う。次には『化学初階』であろう）と訳したと同じ様に支那人であって日本人ではなかった。

始めて植物学の語の見えている書物は今から八十年前の咸豊七年（1857）清の代に『植物学』と題して開版せられたもので、これが植物学という訳語を作って用いた最初である。この『植物学』の書に就ては昭和十二年五月発行の『図書館雑誌』第三十一年第五号に書いて置いたので幸に御覧下さればその書の委曲が判然する。

これに反して我が日本人はこの Botany を何んと訳したかというとそれは植学であった。これは宇《う》田《だ》川《がわ》榕菴《ようあん》が始めてかく訳したもので、今から百二年前の天保六年（1835）に発行になった彼れの著『植学啓原』がこの訳名を公にした初めである（この『植学啓原』の書は天保四年に序文が出来、翌五年に彫刻が出来、またその翌六年に発行に成ったものである）。榕菴はその書中に「弁物之学。別《テ》レ之《ヲ》曰《ヒ》二植学《ト》一。曰《ヒ》二動学《ト》一（牧野いう、今の動物学）。曰《フ》二山物之学ト一〔牧野云う、今の鉱物学〕。」ともまた「其学ヲ曰ヒ二浡太尼加《ボタニカ》ト一。此ニ訳ス二植学ト一。」とも書いている。

この様に宇田川榕菴が天保年間に植学なる訳語を公にしたものだから、その後安政三年〔一八五六〕に発行になった飯沼慾斎《いいぬまよくさい》の『草木図説』の序文中にも「夫植学者窮理之一端也弁物者植学之門墻也」と記して植学なる訳字を使用し、その後明治十年前頃までに発行に成った植物学の訳書には通常植学の語がその書名に用いられている。すなわち文部省で発行せられた明治七年〔一八七四〕の『植学訳筌』、同年〔あるいは明治八年と成っているものもある〕の『植学浅解』、また同年の『植学略解』の如《ごと》き、また明治十二年大阪で出版せられた松本駒次郎抄訳の『植学啓蒙』の如きがこれである。また明治七年に発行に成った伊藤圭介の『日本植物図説』初編の序文中にも「植学ニ名著アル云々」と書き、また文部省で発行したチャンバーの『百科全書』中明治七年片山淳吉、中村寛栗同訳の『植物生理学』総論中にも「ボタニーハ植学ノ義ニシテ」と記しまた同じく明治十二年長谷川泰訳の『植物綱目』にも「植学トハ植物世界ヲ講究スルノ学ナリ」と出で、また明治十二年に大阪で刊行せられた永田方正の『由氏植物書』緒言中にも「此書ハユーマン氏ノ原著ニシテ原名ヲセコンド、ブック、ヲフ、ボタニー〔植学第二書〕ト称シ云々」と書《かい》ている。

明治十年前後から次第にこの植学の字が廃れてそれを使わなくなり、これに代って曩《さ》きに支那から我邦に渡来した『植物学』の書〔多分我が万延、文久、元治年間に渡ったものであろう）の植物学が使われる様になり、東京大学方面などでも皆植物学の語を用いて今日に至っているが、また世間一般でもこの語を使い、今では植学の語は余り誰れも知らないオブソレート・ウワードと成ってしまった。

また明治十年前後には不用意にも支那の本草の文字を植物学の場合に用いていた事があった。これは主として博物局の学者がそうであった。すなわち前に記した文部省発行の『植学浅解』の緒言中に「因テ今国字ヲ以テ英人リンドレー氏ノ学校本草（牧野いう Lindley の著 School Botany である）ヲ訳シ旁《かたわ》ラ他ノ本草書ヲ参考シテ」と書きまた「植学ハ之ヲ五等ニ別ツ一ヲストリクチュラル、ボタニート云フ生理本草ト訳ス、二ヲフィシヲロジカル、ボタニート云フ弁物本草ト訳ス、三ヲシステマチカル、ボタニート云フ分科本草ト訳ス、四ヲジヲグラフィカル、ボタニート云フ地理本草ト訳ス、五ヲフヲッシイル、ボタニート云フ前世界本草ト訳ス」と記している。元来本草と植物学とは全然別途のものであるから、植物学を指して本草学というのは最も宜しくない。今日でもなお時とすると時世後れの人達は植物学と本草学とを同様に思っている者が無いでもない。

どんな事でも初期の内には種々と混雑を招く事は数の免れぬものである。Botany の訳語も上に述べた様に不定なる動揺時代があって、それから一定した静止時代に移ったものである。そして今日では植物学の語が一串《いっかん》している。久しく静止していた休火山的の化学の語が今日多少活火山的な動揺を呈している様に見ゆるが、これもその内適当な何処かに落ちつく事であろう。

胚　珠

今日の我が植物学界では、花に在る子房の中のOvuleを胚珠と呼んで誰れも疑わずにいるが元来これは明かな誤認である。

今その誤認である所以《ゆえん》を明かにするには、まず胚珠の語の生れ出て来た歴史を言って見なければならないが、これもまた原《も》とは支那人の作った訳語でそれは前に書いた咸豊七年発刊の彼の『植物学』に始めて出ている。

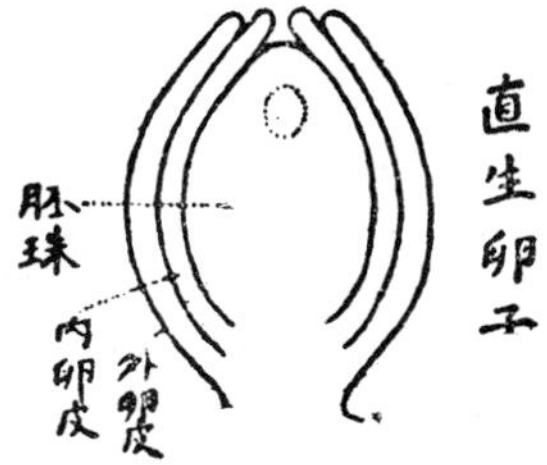

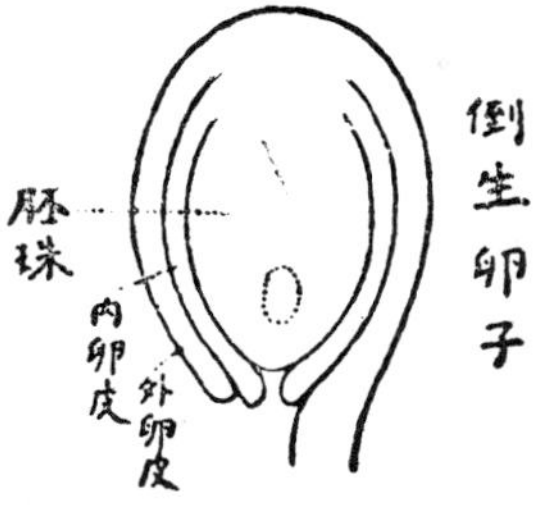

しかれば胚珠は何の訳語であったかと言うと、それは決して今日日本人が用いているようなOvuleに対しての訳語ではなかった。そして実はそれOvuleの中心体を成しているNucellus（今の人はこれを珠心といっているがすなわちこの珠心が真の胚珠である）の訳語であったのである。そしてそのOvuleは同書ではそれが卵と訳せられていてその文章は次の通

りである（原との漢文を仮名交りに書いた）。

卵〔牧野いう、Ovule の事〕ハ胎座内ニ在テ後ニ種子ト成ル、卵ハ大率《おおよそ》子房ノ中ニ居ス……卵ニ胞〔牧野いう、膜皮の事〕アリ或ハ一層或ハ二層、卵内ニ胚珠一点アリ、即チ異日果中ノ胚ナリ

今了解し易い様に図を以て示せば右の如《ごと》くである。

この様にその事実が最も明瞭なるに拘《かか》わらず、我が邦人はどうしてこれを間違え Ovule を胚珠としたのかというと、これは明治七年頃に当時の博物局の学者が為した事が極めて不徹底であったからである。つまり事実を取り違えたのである。その結果 Ovule を胚珠と為して、これを明治七年に文部省で発行した『植物訳筌』で公にしたので、それでそう成ってしまったのである。そしてそれをそうした学者は当時同局に勤務していた小野職愨《もとよし》氏であって、畢竟《ひっきょう》同氏の学力が足らずその真相がよく呑み込めなかったので乃《そこ》でその辺の事実を取り間違えたのである。それから後その誤りを誤りと知らず覚らずに、受け継ぎ受け継ぎしているものが今日一般の学者なのである。

私は従来幾回となくその真相を明かにして一般の学者に注意を促がしたが、どうも一度《ひとた》び膏肓《こうこう》に入った病はちょうどモヒ患者の如く中々癒りそうもなく、私はその誤を去り正に就く勇気の欠乏をナサケナク感じている次第だ。

しかればこの問題をどう整理したらよいかと言うとそれは次の様にすればその原意を損わぬ最も正しい名称となる。すなわち

Ovule　卵子　（胚珠は誤称）
Nucellus　胚珠　（今日珠心というもの）

卵子の語は Oospore の場合に用いられている事があるがこれは前々からの訳語で無いからこれを取消しそれを卵胞子とすれば宜しい。これは卵子よりはずっと佳い訳語である。

植物学訳語の二、三（下）

科

植物学上でもまた動物学上でも科の字は今日普通に使用し誰れでもよくこれを知っている。すなわち植物学では、以前には、例えば Order *Magnoliaceae* という様な場合の Order に適用したが、今日では一般にそれと同位の Family が用いられている。しかしこの科の字をどうしてこの Family に対して使用するように成ったかのイキサツを知っている者は

動物学にたずさわる人々また植物学にたずさわる人々の中でも割合に寡《すく》ないではないかと想われる。

この科の字は「植物学」の訳字と同様我が日本人の案出した字ではなくこれもまた支那人がFamilyに当て嵌《は》めた字面である。すなわちその出典は右の「植物学」ならびに前に書いた「胚珠」と同様彼の漢訳の『植物学』の書なのである。

同書の巻の八は分類学の部であるがこの書では分類を分科といっている。すなわちClassification の訳字であろう。

さてこの分科の処に幾つもの科が解説してあるが今その科の名を挙げて見れば、

繖形科　石榴科　繡球科　菊科　唇形科　淡巴菰科
欖橄科〔牧野いう、オリーブ科の誤訳〕　実大功労科　薔薇科　梨科
梅科　豆科　肉桂科　紫薇科　胡椒科　大黄科
橘科　葡萄科　罌粟科　玉蘭科　蓮科　茶科
茘枝科　木緜科　十字科　瓜科　胡桃科　栗科
桑科　麻科　楊柳科　松柏科　水仙科　薑科
芭蕉科　五穀科　である。

我が日本では明治初年当時博物局（今の帝室博物館の前身）の職員で斯学上極めて重要な役割を勤めていた田中芳男氏（後ち貴族院議員となり次で男爵を授けられた）が明治五年にド・カンドール氏の所説に基き『垤甘度爾列《デ・カンド・ルレー》氏植物自然分科表』（この表は明治八年に校訂せり）を編成発行した時この科の字を用いたが、それは上の『植物学』の書に拠ったものである。しかしてこの田中氏の分科表は始めて我が日本で自然分科の科名を整頓大成しその基礎を据えたもので、今日現に用いつつある植物の科名は全くこの表に則とりそれが基準と成っているのである。勿論学術の進歩するに従い自然と科の分合が行われ、また新科の創設などもあって今日では大分改正修補せられてはいれど、元来は右の分科表がその根柢を成しているのである。

この分科表の科を代表する植物名には皆漢名（支那名）が充てられていて毛茛科、木天蓼科、木蘭科、蕃茘枝科、防已科などと成っているがその間漢名の見付らぬものは水松葉科、松木膚科、瓜樹科、蟻塔科、蔓菜科、岩菜科、花葱科などの様に和名を漢字で書きまた洋名を用うる場合には列設多科、加々阿科と書いてその体制を一様にしてある。当時はなお植物に対して漢名の尚《とうと》ばれし時代であったので、旧来の慣例によりかく漢名を用いたものである。これは当時に在っては、時宜に適した処置であったのであろう。そして世間には誰れもその不都合を鳴《なら》す者は一人も無く、学者は皆翕然《きゆうぜん》としてこれに従うたのである。

明治二十年頃に至て「我が日本の植物は宜しく日本名すなわち和名を以《もつ》て呼ぶべきもの

で何ぞ他国の名を仮るを要せん哉。故に宜しく漢名使用の従来からの因襲を打破して日本名を以て日本植物を呼んで可なり。況《まし》てや従来我が植物に充《あ》てられし漢名には中《あた》っていなきものすこぶる多ければ旁《かたが》たそれを排斥すべし」と絶叫しかつ直《すぐ》に実行したのが当時民間に居った私であった。つまり革新の声を揚げたのである。従て私は和名も科名も共にこれをカナで書く事を決行実践したのであったが、その時独《ただ》科の字のみは姑《しば》らく故《ことさ》らにこれを存置した。それはどう言う理由《わけ》かと繹《たず》ぬると今日はまだ我邦は漢字カナ混用の時代でもあり、かつこの特異な意味を有《も》つ科に対して極めて適切な和語が見付らないのであったからだ。そしてなお科の字はこの場合何となく権威づけられた字面であるからでもあった。また従来から久しく人口に膾炙《かいしゃ》し来《きた》って口に慣れているので、今殊更にこれを改めなくてもあえて不都合を感じないからでもあった。

そして私がこの意見を発表しかつ実行した時、早速これに賛意を表せし公平な学者が二人あった。すなわち一人は理学博士の池野成一郎氏で今一人は理学博士武田久吉氏であった。他は大抵従来の因襲に捉われて便に就き善に移る事を悟らなかった。中には善いと知ってもアイツの主唱だからムシが好かんと感情的に賛成しなかった人もあったであろう。大学の植物学教授松村任三博士は余り私を歓迎していなかった人にも拘わらず遂には私と同意見と成って大正五年〔一九一六〕六月八日に発行した同氏の著『改訂植物名彙《めいい》』には私の主張と同じ書き方を実行している。つまり私の意見が勝利を占めたのである。それ以後今日では大分カナ書き科名が普及し来っている。かくカナで日本名を用うる事は誰れにも判り易くかつ書き易いので、今後はその式様を用うる人が必ず益々殖えるであろう事を予言して憚《はばか》らない。殊に隠花植物方面では植物に漢名の無いものが普通であるから勢いカナを用いるより外《ほか》良策は無いのである。それでもなお世間には漢名を用いし科名の残骸を抱いて喜んでいる人がチョイチョイある様だが、こんな人達は余り自信の無い時代後れの輩であるといっても敢て不都合な事はあるまい。

世が移ってもしも科の字を日本語にしなければならない場合に立ち到ったなら、私はこれをナカマ（仲間）としたいと考えている。そしてこの語は縁を有つ者の集りを表している科の意味と合致するものだと信ずる。タグイ（類）ではその限界が余り厳格に感じなく、またこの語は余り通俗に用い過ぎていてどうも特用してある科の名としては適しない感があるので私は採らない。そしてもしもこれをローマ字で書く場合には Kiku-no-Nakama, Tade-no-Nakama, Yanagi-no-Nakama, Mame-no-Nakama, Yuri-no-Nakama などと書けばよいのである。あるいは no を省いて端的に Kiku-Nakama, Yanagi-Nakama という様にしてもそう悪くは無いと思う。

蒴と蓇葖

蒴と蓇葖とは中々六ケ敷《むずかしき》文字を用いたものだがこれは果実分類上の術語《テクニカルターム》である果実

の種類に対する特名と成っている。すなわち蒴はCapsuleの訳語、蓇葖はFollicleの訳語である。今例を挙げて言えばアヤメ、ユリ、アサガオ、ムクゲなどの果実は蒴でオダマキ、トリカブト、シャクヤクなどの果実は蓇葖である。蓇葖はその心皮（Carpels）が各独立して居り蒴はそれが連合しているの差がある。

これら果実の分類にこんな普通とは縁が遠く全く活版植字者泣かせの字を用いた人は宇田川榕菴氏で、すなわち同氏の著で昭和十二年から百四年前の天保六年〔一八三五〕に発行に成った『植学啓原』にそれが載せられている。

抑《そもそ》も右の宇田川氏が何処の隅からこんな珍妙な字を引出して来たかと言うと、それは支那の本の『救荒本草』がその倉庫であった。すなわち同書にいろいろの植物が解説してあるがその中で草の実を叙する時、往々これらの字を使っている。しかしその書では何も一定した果実を指しているのではなく唯漫然と乾質の実に用いてあるのみである。それを宇田川氏がその書物から抽出し来って特にそれに定義を附け前に書いた様に蒴をCapsule蓇葖をFollicleに専用したものである。

『救荒本草』に書いてある一、二の例を挙ぐれば例えば野西瓜苗の条下に「花罷作蒴」、油子苗の条下に「結四稜蒴児」、辣辣菜の条下に「結小匾蒴」、また牻牛児苗の条下に「結青蓇葖」、綿絛菜の条下に「攢生小蓇葖」の如《ごと》きものである。

葇　荑

これも中々六ヶ敷《むつかし》字音《き》である。しかし上の葇はジュウと訓《よ》む事は誰れでも想像が附くが下の荑は音はテイである。イの音も無いではないがここはテイで無ければならない（これに類した事は亀の字でカメの時は字音はキであれど裂ける時はキンの字音で呼ばねばならぬ。故に亀裂はキレツでは無くキンレツである）。

さてこの荑は元来ツバナ（チガヤすなわち白茅の嫩《わか》い花穂である。チバナというのが本来の名ですなわち茅花の意である）の事である。葇は元とは柔かな意味の柔で柔荑と続づき柔かなツバナであってこの熟字は元とは詩経に在る衛風中の碩人の章の「手如柔荑」から出たものである。

この柔荑を宇田川榕菴氏が詩経から取り出して来て植物学に用いると言うので柔の字の頭へ艸冠りを加えて葇（支那に葇の字はあれど此処の葇とは無関係である）と成し、その葇荑を花序の一の Catkin すなわち Amentum に用いたものである。実言えば柔荑ならざる葇荑の熟字は従来は無かったのである。

榕菴氏はこれをその著『植学啓原』で公にした。すなわち同書に「葇荑《エノコロ》又名ケレ荑ト。西名ニクレ猫《カツト》ト。以テ三其形如キヲ二猫尾ノ一也。」と記してある。そしてこの葇荑なる花序を有するものはヤナギ、クリ、クルミ、ハンノキ、ハシバミ、シデ、ナラ、カシなどその好適例に算《かぞ》うるを得べくこれらは皆が雌穂雄穂あってその雄花穂を雄荑といいその雌花穂を雌荑と称える。

葶

植物学では花茎の一種のScape（葉を有せぬ花茎）を葶と称するが今日の植物学者は余りこの字を使わない現況である。しからばこれに代るべき適切な語を使っているかと言うと別にそうでもないようだ。これも宇田川榕菴が初めて彼れの著『植学啓原』にその訳字として使用したものであって「葶《タウ》《ハ》球根諸草《ノ》之茎也。亭々《トシテ》直上《ス》。而無レ葉。唯生《ズ》ニ花実《ヲ》一。云々」と出ている。

葶は元来は葶藶などと続けて草の名であって茎の意味は有《も》っていない。亭々は高く聳え立っている形容詞であるからこの亭の字を植物に対して用いたいというので、そこで榕菴先生一工風を廻らし前に書いた彼の茉式と同じく亭へ艸冠りを附ける事を発明して葶と成しそれを葉を着けずに高く直立している花茎すなわちスイセン、ネギ、ヒガンバナなどのScapeに用いたものである。

因《ちなみ》に言う、茎は元来カウ（漢音）キョウ（呉音）の字音しか無いが教育者等は多くはこれ本音を知らずに常にこれをケイと教えている。またついでに言うがよく植物学にも用うる毛茸を往々モウジと発音して教えている人が鮮《すくな》くないが、これはモウジョウで茸にジの字音は無い。そして毛茸は毛の事に成ってはいれど元来この字に毛の意味は無い。茸は茸々と続けて草がゾクゾクと生えている形容詞であって、それを毛がゾクゾクと生えている貌に見立ててそこで毛茸の字が生れたわけだ。また茸をキノコとして使用し松茸、椎茸などと書いてあれどこれも元来茸にキノコの意味は無い。キノコの中にはハハキタケ（ホーキタケ）一名ネズミタケ（またの名ネズタケ）の様に叢生している者があるのでそれで草の茸々と叢生する有様に見立てられそこで我邦で茸がキノコという様に成ったに外ならないのである。

雄蘂と雌蘂

今日一般に用いている Stamen の訳語雄蘂と Pistil の訳語雌蘂とは、共に始め伊藤圭介氏（理学博士、男爵）が案出した字面で、これは今から百八年前の文政十二年〔一八二九〕に発行せられた同氏撰著の『泰西本草名疏』附録で公にしたものである。宇田川榕菴氏の『植学啓原』ではこの雄蘂の通名を鬚蘂と為し漢訳の『植物学』では単に鬚といっている。雄蘂の方は『啓原』ではその通称を心蘂と成し『植物学』では単に心と書いている。

Filament すなわち雄蘂の茎を花糸というのもまた圭介氏創設の文字で榕菴氏はこれを跗と称している。跗は字音カンでこれは糸の意味を表わしたものだ。葯の字を Anther に用いたのは榕菴氏の創意で圭介氏はこれを糸頭と訳し『植物学』では単に嚢といい、降て明治十一年発行の松原新之助氏纂述の『植物綱目撮要』ならびに同氏講義の『薬用植物篇』には花嚢といい、同十四年刊行の丹波敬三、高橋秀松、柴田承桂三氏合著の『普通植物学』では粉囊と訳してある。元来葯は白芷という草の葉もしくはある草の名であって敢てAntherに当て嵌《はめ》るべき字ではないが、榕菴氏はどういう拠り処に基いてこれをそれに用いたものか。

Pollenを花粉というのは伊藤圭介氏の創訳で宇田川榕菴氏もこれを使用しているが『植物学』では単に粉と書いてあるに過ぎない。

雌蘂のStyleを花柱と訳したのは伊藤氏で宇田川氏も同様であるが『植物学』では管といっている。Stigmaの柱頭もまた伊藤氏の創訳で宇田川氏もこれに従っているが『植物学』では単に口と訳している。

Ovuleを子房と為しそれが今一般の通称と成っているがこれは始め『植物学』に出て居り支那人の訳語である。伊藤圭介氏はこれを実礎と書いているがこれは同氏の創作語であろう。そして宇田川氏はこれを卵巣といっている。

中肋

今日の植物学者は通常葉面の中道を成す主脈すなわちMidribを中肋といっているが、これはすこぶるマズイ言葉であるので私は日常未《いま》だ曾《かつ》てこんな語を使用した事がない。そして何時も中脈と書ている。抑もこの中肋なる語を作った人は誰かと顧みて見るとこれは東京大学教授の矢田部良吉博士であって、すなわち明治十六年発行の同氏訳『植物通解』

で公にせられたものである。元来Ribは肋骨の事であるからMidribをそのまま中肋と訳しても別に悪い事は無けれどもここは訳者は大いに気を利かさねばならぬ所であった。なぜならば元来肋骨というものは背中の脊椎骨から派《わか》れて斜めに前方の胸部に向い横出した狭長骨であってこれが一胸骨に湊《あつま》ってはいれどその胸骨は肋骨では無く、つまり中肋骨というものが無いからである。故にこの場合は仮令《たとい》原語はMidribであったとしてももっと実際に即した訳し方をせねばならなかった筈であった。そこに至って昔の宇田川榕菴氏はサスガにその点は徹底したもので彼れの著『植学啓原』にはそれが「葉之大筋。謂フ二之ヲ中筋ト一。分ツコトレ枝ヲ略類スニ二肋《アバラ》状ニ一。謂フ二之ヲ肋状筋ト一。」と叙してある。すなわち中央のMidribを中筋と名《なづ》けその中筋より分出するVeinsを肋状筋と呼んでいる。そしてその中筋の場合に見当違いの肋の字は用いてない。その中筋は私のいう中脈でその肋状筋は支脈である。

矢田部氏が中肋と訳名を提唱した以前、このMidribがいろいろの学者によって如何に訳せられていたかを識《し》るのも聊《いささ》か興味が無いでもない。まず第一にこれを総管と為したのが彼の漢訳の『植物学』であった。次に明治七年版の伊藤謙《ゆずる》氏訳の『植学略解』には中央総管と記し、同年板の小野職愨《もとよし》氏訳の『植学浅解』と『植学訳筌』とには上の『植物学』の総管を用い、明治十一年発行の松原新之助氏著『普通植物学総論』には幹管と称し、明治十四年版の丹波敬三、高橋秀松、柴田承桂三氏同訳の『普通植物学』には中央葉脈と書いてある。

化石

植物学の内にもFossil Botany（＝Palaeontological Botany）というものがある。すなわち化石植物学である。このFossilの訳語なる化石は今我邦斯学界一般に用いられて一の常套語と成っているが、しかしある時代にはこれを殭石と呼んだ事があった。すなわちこの字面は原《もと》と支那人の製したもので、それは蓋し同国で出版になった『地学浅釈』の書が始めてそれを公にしたものであると信ずる。この書は有名な英国の地質学者ライエル（雷俠児）氏の地質学書を漢訳したもので、全部三十八巻より成りこれを八冊に合綴してある。書中に殭石の語がある。すなわちFossilの訳字である。

この殭は字書に死不朽とあって死んだ後もなお朽腐せず遺存する意味で、通常彼の蚕がある菌の為に死んで白く成ったものを殭蚕と曰《い》う如《ごと》くこんな場合に用いられてある字である。そして前述の通り支那人はこの字をFossilに用いたのである。

右の『地学浅釈』の書は、ズット以前に理学士乙骨太郎乙氏が返り点を施し活字版一冊として我邦で出版した事があった。

Fossilに対しての化石の語は何時《いつ》頃《ごろ》出来た字面であろうかとこれを詮索して見ると、今から六十八年前の明治二年（1869）に発行になった『改正増補和訳英辞書』に始めてその字面を見出し得るから、多分その時代かあるいはその直前頃に出来たものであろうと考えられる（文久二年〔一八六二〕版の『英和対訳袖珍辞書』ならびに慶応二年〔一八六六〕それの改正増補版には共に見当らない）。すなわちその辞書には「Fossil 掘出シタル、化石シタル Fossiliferous 化石ノアル Fossilization 化石スルコト Fossilize 化石スル Fossilogy 化石ノ論又学」とあり、そしてこの化石の語は誰が創製したものか、あるいは蘭学者の作ったものか、只今私にはその辺の消息が全く不明であるが、しかしこれは決して支那人が作ったものでは無いと信ずる。それは支那の洋語対訳辞書の前々のものには一向にその語が見当らないからである。

Fossil の元来の意味は「地から掘り出す」という事である。今これを化石として使う時は「掘り出し物」という名詞と成る。これをその原意味に拘泥《こうでい》せずに地から出た実物、それは生物の原形あるいはその印痕あるその実物に徴してこれに殭石あるいは化石の訳名を与えた訳だ。そこでその殭石と化石とは訳名としてどんな優劣があるかと言うと私は化石よりは殭石の方が佳《よ》いと思う。化石はその字面から言うと単《ただ》変化した石であるが、これに反して殭石は原と生きていた物が死んでも依然としてその遺骸が保存せられているという意味を表わしていて、嚙んで味無き化石の語よりはズット趣きがある。しかるに世人は何故この語を採用せずに化石の語に執着しつつあるかと言うと、それは一には殭の字の字画が多くて書くに面倒だからであろう。

さてこの頃は訖ったが、どうもその化石の訳語について何んとなく思い切れず何んとかしてその出生が知りたくトツオイツ考えている内にフト我が少年時代に読んだ川本幸民氏訳『気海観瀾広義』の書中に動植丱（礦の古文）の三有が概説してあった事を思い出した。ツイするとそこにあるいは化石の字があるかも知れないとすなわち久しぶりで書架よりその書を抽出し来ってこれを繙閲して見た所、その巻の三に載っている三有中、丱類すなわち山物の条下に果して化石の語があって疑もなくFossilを指しているのでハッ占めたと思った。そしてそこに「動植ノ化石アルヲ見ザレバナリ」、「有機体ノ化石ヲ含ム。貝。蠣殻等ノ化石モ亦コレアリ」、「石炭亦コレニ属ス。蓋シ木ノ化石ナリ」の句が看られた。これによってこれを観る時はこの化石の語は早くも今を距る八十六年前の嘉永四年（1851）に出来たものである事が知られる。何んとならばこの嘉永四年は『気海観瀾広義』全十五巻（後刷りの本は五篇を五冊に合巻）の中、初めの第一、二、三巻が刱めて新たに開版せられた年であるからである。すなわちこの化石の訳語はFossiel（Fossilの和蘭語）に対して右書（原本は和蘭書）の訳者川本幸民氏が創めて案出した字面であろうと思う。

英国の学者慕維《ウイリアム》廉氏の原著に基きこれを支那で漢訳した書に『地理全志』上篇下篇の十巻があって安政六年〔一八五九〕に我邦で翻刻している。今その下篇の巻の一には書中に前世界の生物につき種々記述せられてはいれど独り化石の語に至っては遂にそこにこれを見出す事が出来ない。

〔補〕 右の「植物学訳語の二、三」上下両篇は昭和十二年七月と九月とに書いて公にしたものである。

シリベシ山をなぜ後方羊蹄山と書いたか

松浦竹四郎の著に『後方羊蹄日記』と題する一冊の書物があってこれを「シリベシ日記」と訓《よ》む。書中に雌《マチネジリ》岳なる知別岳を後方羊蹄と書いてある。すなわちこの後方羊蹄はシリベシと訓《よ》み後方羊蹄山はシリベシ山というのである。かくシリベシを後方羊蹄と書くのは、如何にも奇抜至極な字を充《あて》たもので、これは余程ヒョウキンな書きぶりである事を失わない。

抑もこれシリベシという地名へ後方羊蹄の字を充てて書いたのは昭和十三年を距る千二百十八年前、すなわち元正天皇の養老四年に舎人親王の編纂せられた『日本書紀』（略して『日本紀』とも称する）巻の二十六、斉明天皇五年の処に「後方羊蹄《シリヘシ》ヲ以テ政所ト為ス可シ」（漢文）と記してあるのが初めてであって、これで観ると随分旧《ふる》くこの字を使用したものである。すなわちこれは後方がシリへ（すなわち後《ウシロ》）、羊蹄がシである。このシリベシ山は北海道後志の国から胆振の国に跨って聳ゆるマッカリヌプリの事で一に蝦夷富士と呼び昔から著名な高山である。

そこでその後方をシリへというのはこれは誰れでも合点が行き易いがその羊蹄をシと為るのはまず一般の人々には解り憎くかろうと想像するが、それもその筈、これは実はシと称する草の名（すなわち漢名）であるからである。すなわちシリへの後方とシの羊蹄との合作でこの地名を作ったものである。

この事実の呑込めない古人の記述に左の如きものがある。これは山崎美成の著した『海録』の巻の十三に引用してある牧墨僊の『一宵話』の文ですなわちそれは左の通りである。

東蝦夷地のシリベシ嶽は高山にして其絶頂に径り四五十町の湖水ありその湖の汀は皆泥なりその泥に羊の足跡ひしとありといふ奥地のシリベシ山を日本紀（斉明五年）に後方羊蹄《シリベシ》とか、れたると此蝦夷の山と同名にして其文の如く羊の住めるはいと怪しと蝦夷へ往来する人語りし誠に羊蹄二字を日本紀にも万葉にもシの仮字に用ゐしは故ある事ならん。

右の文中万葉にもとあるは万葉集巻の十に在る。「毎年《としのはは》、梅者《うめは》開友《さけども》、空蝉之《うつせみの》、世人君《よのひときみ》羊蹄《し》、春無有来《はるなかりけり》」の歌のシの仮名にやはり羊蹄の字が用いてあるのを指したものでしょう。

上の『一宵話』の著者は、既に述べたようにシの場合に羊蹄の二字が使ってあるその訳柄が一向に判らなく、また『万葉集』のその後の解釈者もシの羊蹄が一の草名である事には気が附かずにいるようだ。

元来羊蹄とは前に言ったように一の草の支那名すなわち漢名である。この草は支那と日本との原産植物で日本では昔にこれをシと称えた。またシブクサともいった。すなわち源順の『倭名類聚鈔』に出ている通りである。そしてその根をシノネ（シの根）ともシノネダイコン（シの根大根）とも呼ばれて薬用に供せられ、今日民間でも時とするとその肥厚している黄色の根を薑擦子《わさびおろし》で擦《す》りおろしこれを酢で練って、インキンタムシの患部に伝えこれを療する事がある（同属のマダイオウも同目的に使用せられる）。

この品は野外に多い大形の宿根草でタデ科に属する一の雑草である。小野蘭山の『本草綱目啓蒙』巻の十五に左の通りその形状が書いてある。

水辺ニ多ク生ズ葉ハ狭ク長ク一尺余コレヲ断バ涎アリ一根ニ叢生ス春ノ末薹ヲ起ス高サ二三尺小葉互生ス五月梢頭及葉間ニ穂ヲ出シ節ゴトニ十数花層ヲナスソノ花三弁三萼淡緑色大サ一分許中ニ淡黄色ノ蕊アリ後実ヲ結ブ……コノ実ヲ仙台ニテノミノフネト云後黄枯スレバ内ニ三稜ノ小子アリ茶褐色形蓼実ノ如シ是金蕎麦ナリ根ハ黄色ニシテ大黄ノ如《ごと》シ。

これでその草状がよく判かるでしょう。そしてその葉は食えば食えるとの事を聞いたが私はまだこれを試みた事がない。支那の書物の『救荒本草』には、飢饉の時に際してはその嫩《わか》き苗葉を採りゆでて水に浸してその苦味を淘浄し油塩に調えて食する事が書いてある。

六月頃にその実の熟し時を見料らいそれを採り入れて乾かしソバ殻の代用としてこれを茶枕に容《い》れ用うる事があるので私もこれを実行して見た事があったが、しかしこれは普通一般には行われていない。

上に述べたようなイキサツを承知すればシリベシ山を後方羊蹄山と書いた理由《わけ》がよく呑み込め得るであろう。

紀州植物に触れて見る

私はとても忙がしいのでちっとも緩《ゆっ》くり出来ません。次から次へと用事が込んでいましてどうも時間が得られないので困っている次第です。

ところへ突然、雑誌『紀州動植物』を編輯発行して居《お》らるる植村利夫君からの御来状で是非にと拙稿を需《もと》められましたので、ほんのその責塞ぎにここにつまらぬ短文を差上ぐる事に致しました。もう少し私が閑散の身なればもっと長文のものを草する事も出来たでしようが何分にも多忙なので、今回はこれで御勘弁を願う事に致しました。

まず第一は今日植物学者流のいうキノクニスゲ一名キシウスゲの事ですが、この和名は私の付けたものです。しかしこのスゲには、もっとずっと以前に既にその名があったから、今後はその最旧の名で呼んだらいいでしょう。またそうしなくちゃならないのです。すなわち明治十年六月に東京博物局の職員小野職愨、田中房種、田代安定、中島仰山、織田信徳の諸氏が勢州から紀州の地に植物採集を試みた時右のスゲを大島辺に採集し、これにクロシマスゲ（九竜島スゲ）の新名を下した。ゆえにこのクロシマスゲはこのスゲの本名である。

第二は羊歯類の一種で今日オオクボシダと呼んでいるものもまた同じく明治十年六月上の博物局員一行によって早くも紀州で採集せられた。すなわち本羊歯の本邦で発見せられた第一番である。ゆえにこの羊歯は紀州とは縁が深い。

東京大学植物教室の大久保三郎氏がこれを相州箱根の蘆の湯附近で採ったのはずっと後の事で、すなわちこれは本品第二の発見である。

この大久保氏がこの羊歯を採集した時分、その標品を検定しそれに命名した同大学の矢田部良吉氏は、上に記した紀州での出来事を知らなかったものだから、本羊歯は正に大久保氏が発見したものと思って、それでそれをオオクボシダと名付けたのである。

しかるに何ぞ料らん本羊歯は遠い前に既に博物局員によって紀州の地で発見せられかつ

命名せられていたのであったとは、この羊歯についての重要な文献を見落していた矢田部氏はこの事実を知る由もなかった結果、独り僥倖をしたのは大久保氏であって同氏は我が姓の不朽を贏《か》ち得たのである。それは単に和名のみならずその学名もまた「ポリポジウム、オオクボイ」であった。

博物局員一行が始めてこの珍羊歯を発見採集した記事をその時の採集品説明書『勢紀植物図説』から抄出すれば次の如《ごと》くである。

「紀州牟婁郡大雲取ヲ過ギ口色川村ヨリ山路ニ到リ僅ニ両三根ヲ得タリ羊歯科ノ小草ニシテ全形エウラクゴケニ似テ葉背ニ数点ノ花実ヲ着ク今回発検ノ一ニシテ珍草ト賞スベキ者ナリ」

そしてその時これにコケシダの名が下され、なお一名としてヨウラクシダ、ムカデシダ、ヒメコシダならびにナンキンコシダの名も付けられた。珍らしい羊歯であったため一同に興味を感じ、採集者がこれをいろいろに見立て、かくは一時に数名が生じたのであろう。

紀州の人々は、この珍羊歯が始めて自国で発見せられまた自国品に基いて命名せられたものであって見れば、上のコケシダ等の和名を忽諸《こつしょ》に附してはならずかつこれを擁護せねばならない。また紀州人ならずともこの名はこの羊歯に対し真っ先きに付けられたものであるがゆえに誰れもが異議なくこれを用うれば宜しい訳である。そしてオオクボシダの名はその副称すなわち異名として存して置けばそれでよいのだ。

第三は今日いうユノミネシダであるが、これもカナヤマシダが一番先きに出来た名である。ユノミネシダの名はずっとその後に付けられたもので本羊歯へ対しては第二次的である。これは確か三好学氏が付けたものだと覚えている。

この羊歯を始めて紀州で見出したのはこれまた明治十年六月で彼の博物局員一行であった。一行の人々はまず第一に牟婁郡井関村鉱山の麓石垣の間に沢山生じているのを見付けた。次《つい》で第二に同郡湯の峯温泉の近傍流水の辺石間に多く生じているのを見出した。そしてその第一に見出した地に基いてこれにカナヤマシダの名を付けた。ゆえにこの羊歯の和名はカナヤマシダが正名でユノミネシダがその副名でなければならない。

上の様に紀州人がその辺のいきさつを知っていなければならない植物のうち三種を挙げてこれを略述して見た。序《つい》でに一二の事を附け加えて見れば次の通りである。

ホングウシダ、この名を見ると誰れでも直ぐ紀州の本宮を想起するが、しかしこれは決して紀州の本宮から来たものではなくそれは実は尾州の本宮山に基いた名である。そしてそれは「アスプレニウム」属のカミガモシダの本名で、つまりホングウシダとカミガモシダとは本来同物なのである。ホングウシダは徳川時代からの名で、カミガモシダはずっと降て明治時代に出来た名である。

明治以来の我邦植物学者はホングウシダの認識がとても不足で、この名を永く彼の「リンドセーア」属の一種に用いていて誰れもそれを疑わなかった。私は先きにその誤謬を発見したので、すなわちホングウシダの名は本来の品に還えして名実相称わしめ「リンドセーア」属のものにはニセホングウシダの新名を下してその帰する所を明にした。いわゆる選挙粛正の実を挙げたのである、呵々《かか》。

それから紀州にもあるでしょう、彼のタチバナという蜜柑属の一樹が。よく方々でその樹が天然記念物に指定せられているが紀州でも多分そうでしょう。

これは日本内地で本属唯一の野生品で、そして沢山も無いのであるからその樹はとても大事に保護すべきものである。が、しかしそのタチバナなる名称は全く名実が齟齬《そご》していて昔タチバナと称したものは断じてこの品ではないのである。昔のタチバナはその品種は今日にいう何ミカンに相当するかその辺は無論判然しないが、しかし充分食用となる品であった事は確かだから、まず紀州ミカン一名コミカン様のものであった事が想像せられる。このコミカンはすこぶる長寿を保つ樹で、今日でもその巨大な樹が諸州に残っている事を見受ける。惟《おも》うにこの蜜柑は他の品種に比べて最も永い年歴の間我日本を支配したものであったであろう。すなわち久しい間日本普通の代表的蜜柑であったであろう。今日の温州ミカン出現前までは上のコミカンは広く人々に顧みられ愛せられていたものであったが、優品である温州ミカンに圧せられて盛衰全く地を代えてしまった。これを要するに昔のタチバナは前述のように無論ミカンの一種であったから、常識的には昔のタチバナは今日のミカン、今日のミカンは昔のタチバナだと思っていればまずまず無難であろう。

かの野生品のいわゆるタチバナは昔からのタチバナとは全然何の関係も無いものであるゆえ、実言うとそれを従来のようにタチバナといっては極めて悪くかつまた混雑誤解を招く基をなすものである。ゆえに我邦蜜柑類の専門大家で最も信頼すべき知識を豊富に持っていた田村利親氏は特にこれをヤマトタチバナと称していたが、それは至極尤《もっと》もな所見で私も両手を挙げてこれに賛成し同意している。今後は従来よりの不純な彼れの名を解消してこの佳名のヤマトタチバナを用うればよいのである。

田道間守《たじまもり》は食うべき蜜柑であるトキジクノカクノコノミを捜がし索《もと》めに常世の国へ行ったのではなかったか。食おうにもほとんど甘汁なく、粒のような小い貧弱な実の生る今日いうかのタチバナの如《ごと》きは決して彼れの目的物では無かった筈だ。歴史のタチバナは百果の尤《ゆう》なるものと称えられて誰れも異論が無かったゆえに、これをモデルにその功労を思召して橘姓も賜わったのだ。あんな石ころのような今日のタチバナの実は果中の尤品どころかこれは全く果物とはいえぬ位の劣等至極な悪品だ。これをタチバナというのはその由緒ある好名称を冒瀆するの甚だしいものといわざるえない。

染料植物について述べる

私は染料植物について特別に研究したことはありません。ただ植物が私の専門になって居るものですから、色々の植物を研究して居る間に、染料になるものも入って居るという程度でございます。それゆえに今日この壇上に立っても特に諸君の御参考になるようなことはないかも存じませんけれども、枯木も山の賑い位のところに思召し下さったら丁度よかろうと思います。（昭和十三年一月十五日講演。この速記文章はその記者が下手であったため訂正はして見たが行文全体がすこぶるまずい。）

染料植物に付てお話する前に、これに関聯して私が平素考えて居ることを述べさして戴きます。

私は工業の方は一向不案内ですが、染料というものは、単に趣味のみに止まって、各種の色に染まるというのみでは一向仕方のない話で、実用にしなければ何もならんと思います。実用させるには、色々な植物で染めたところの有らゆる染物を大いに世の中に供給する一方、やはり店屋の看板と同じような具合にこれを世間に見せびらかしてこれに対する趣味嗜好を喚起せねば、誰も知らずに居るから用いる人もないという訳で、どうしても見せびらかすということが必要であります。それには工業試験所というような処とか、また民間で一つの商売として色々な原料を用いて染めてそれを世の中に出す。そして今はデパートとかその他ああいう便利な処もあって、着物を拵えたりあるいは染めた儘《まま》で出して一般の人に見せびらかす機関は随分よく備って居る訳でありますから、そういう処に出し成るべく注意を惹かして、そして皆に買って貰って着物ならば着て貰うように努力しないと何もならんことじゃないかと私は思います。例えば、人形のようなものに着せてみたり、この方面に心得のある人は色々効能を述べ立てたり、工芸の方の知識ある人には一層の関心を持って貰ったりして兎《と》に角《かく》大いに世の中に吹聴するような策を色々採ってやりましたならば、西洋の染料はこれまでに色々入って、もう我々の目にも随分慣れて居るから、それの反動もあろうし、趣味嗜好から言ってこの方が面白いというような訳で、そんなことから段々盛んになりはしないかと思うのです。そういうように実行に移すことがまず何よりも必要だと思います。実行に移せば、大分面白い結果が出て来て、製造者も相当に利益を得るということになる。算盤が採れなければ製造者は一向手を出さぬ。だから手を出して貰うには算盤が採れるようにせねばならぬ。なおそういうことを勢いよくするには、それを鼓吹する機関が色々あって宜《よ》い訳です。まず東京で言えば、林業試験場などは園が広いから、そういう処に、今まで用いて居る染料植物、及びこれは染料植物になりはせんかという見込のあるものを植えて、世人の注意を喚起することも必要ではないかと思います。小石川の植物園とか大学の一部で植えてあるとしても、申訳に植えてある位のもので、それに積極的に努力して居るということもないので、品が減ることはあっても、殖えはしなく、それも一向に注意を引かない。そういう訳であるからモット活動するところの園にそういうものを植えて新聞や雑誌を利用して、こういうものが作ってあるから見に来いと言って世人に何か見せるということにすると、そういう方に自然に注意を向けることも出来て、中には研究してみようという人も出来るのですから、右の様な園は大いに意義があるだろうと思います。そうして現在用いて居る染料植物ばかりでなく、他にも染物原料になるというものが幾らもありはせぬかと思う。また同じ属のものならば同じ色素を持っていて、これも染物になるということもあろうし、またこれ迄習慣的に用いて居ったものよりは、もう少し優等の原料も見付かるだろうと思います。そういうこともあって、研究の余地は随分ある訳です。それを実行に移すということを私ども大いに希望します。そうして熱帯などにある色々なものは、温室でないと作れませぬから、そういうものは第二段として置いて、なるべく国内にあるものを主としてやることにしたらどうかと思います。

今は植物の研究者が随分沢山出来て居りますが、日本ではエコノミカルの有用植物の学者はほとんどない。私は大学に居るので大学の気風を知って居りますが、あそこは純植物学を主に研究する処である。その研究は純であるが、卒業した後にはエコノミカル・プランツの方の研究をして見たらどうか。自分の経済上から言っても国家の経済上から言っても、学校の先生などをして僅かな給料を貰うよりは、非常に利益であるからその方に奮発せよということを常に私は話して居りますけれども、どうも教室の気風に囚われて、そういうエコノミカルの方に行くことを余り好みません。古い御方は御承知でしょうが斎藤賢道君、今は京都の方に居られますが、斎藤君が日本の繊維植物、及び染色の方も少しやられたように思って居ります。ああいうようにやられる学者が我々の間にも沢山出て来ると非常に都合が好いのですが、どうも出ない。その他の学部からでも、農科のような処でも有用植物の専門家がほとんどない。従て日本では役立つ有用植物の本が寥々である。今日のように工業が勃興して来て、国家的に大切な色々な工業に手を出したいという人があっても、その参考とする完全な有用植物の本がないから随分不自由ではないかと思う。こんなことを言えば、しからばお前がそれを拵《こしら》えたらどうかと言われるかも知れませんが、どうも専門の研究の部門が色々あるものですから中々そういう所まで手が出ないで居る。現在日本に有用植物の学者がいないということは、日本の国のために残念であり、殊に今日の非常時に於て痛感いたします。もう疾《と》うに故人になられましたが、この山林会あるいは農会等に非常に関係の深かった田中芳男先生には私も大変お世話になりました。田中先生は有用植物のことに非常に重きを置かれて、殖産興業の上に非常な功績を残された。ああいう識見抱負を持った人が今日の知識を抱いて現代に出よということを私は始終冀《ねが》って居るのですが、不幸にしてそういう人が見付からぬのは実に残念です。田中先生は後にはその功績によって、貴族院議員にもなられ、男爵をも授けられて国家から酬いられた人であります。これは至当な話であって、私は前に慶応義塾の演説会の時に公然とこういうことを述べた。それは、伊藤圭介先生というのは、田中先生の国家に対する功績と比べると大変な違いであるから、伊藤先生を男爵にするならば田中先生は伯爵にして宜いと言ったのですが、それ程の偉い御方でありました。勿論今の新知識から見ればその知識は遅れて居られたけれども、それは時代の違いで仕方がない。兎《と》に角《かく》こういう人が現在に沢山居ると、工業方面に関する植物の研究が大いに発達するのではないかと思います。

なお余談に亙《わた》りますが、今日のような時に殊に痛切に感ずることは、そういう方面の参考材料、例えばこの染料にする色々な材料を陳列してある参考館というものが日本には一つもない。それは畢竟日本に本当の博物館がないからです。本当の博物館を日本に造る責任を、我々だけでなく、有力な方々が感じなければならん訳ですが、どうもそれが徹底していない。今日のような国防に金の要る時節になってなおさら実現せずに居るけれども、これは日本に取って非常な不幸です。その博物館があれば、そういう原料がずっと揃って居り、また工業原料について何か相談しなければならんことがあれば、その博物館に行けば立ち所に工業者が利便を得るということになって、日本の工業が一層発達する。これは幾ら金が掛っても日本国策の一つとして打ち立てなければいかぬと思う。殊に将来日本が国際的に万一孤立するような場合を考えると、どうしてもこういう機関が必要になって来る。現在ある科学博物館などは小っぽけなもので、あんな僅かな費用では手も足も出ない。

あれは教育機関として置いておけば宜い。あれがあるから日本に博物館があるとは言えない。またある博物館は美術や工芸の点に於ては国の飾になっては居るだろうが、現今の科学的進歩にはほとんど役に立たない。仏像などを沢山並べてみたところで、それで戦争が出来る訳でもなし、我々の生活が改善せられる訳でもない。

大いに脱線して済みませんでしたが、私は不断そういう考を持って居る。しかし私は無官の大夫で、そういうことを口には言えても、実行は出来ない。上の様な訳ですから染料の如きも一日も早く実行に移さなければいかぬと思います。

染料植物といっても中々沢山あります。これを一々ここに挙げることも出来ませんから、その一部分について申上げます。

藍という字は、今では誰でも、染物の原料にするアイだと思って居るし、またそういう習慣になって居るから無理もないが、実は藍という字は、アイの専有し得る名ではない。植物から採った材料、つまりインディゴ、あんなものを藍というのであって、植物の名ではない。ああいうものの採れる植物が幾つもあるので、上に形容詞を附けて植物の名として呼ぶ訳です。まず日本でアイといって居るものは蓼藍と書かなければアイにならぬ。アイは蓼の一種類です。蓼藍は日本では随分遠い昔に入ったもので元来は日本の植物ではない。それでは何処の植物かと言えば、支那の南方の安南とか交趾支那あたりが原産地注意らしい。その学問上の名はPolygonum tinctorium Lour. という植物であります。

これは日本で重要な植物であった。この頃は外国から染料が沢山来て、前に比べればアイを作ることが少なくなって居りますが、徳島県などがアイの名産地で、吉野川の沿岸にアイを沢山作って居った。葉が丸いのがあったり長いのがあったり、あるいは水の無い処に作るのがあったり水の有る処に作るものが出来たりして、工業の上からはどういうものが宜いという優劣があるでしょうが兎に角、そういうように色々な変り品が出来た。そしてこれを日本で盛んに用いた。

それから藍《らん》の中に菘藍という種類がある。これは染めた後の色はどういうものか私は知らない。従って工業的に価値があるかないか存じませんが、支那では専ら作って居って、大変実用に使って居る。日本では実用に作ったことは一つもないと思います。菘というのはこの頃ある白菜です。色が白いから白菜という。この頃結球白菜などと言うて来て居るのは菘の非常に改良された種類です。昔はああいう種類ではなかった。初めは支那でも、日本の小松菜のように、普通の菜っ葉であった。所が葉柄が大分大きい。支那人は作るのが中々上手ですから、葉柄の平たいものを段々作って、遂に今日の結球白菜のようなものが出来た訳です。

徳川時代に、まだ今のように白菜にならん前のものが長崎に来て、それが日本に拡まったのですが、それをその当時の日本人は、支那から来た菜というので唐菜といって居る。

それで菘は、よく書物にトウナと仮名が振ってありますが、それが本当です。昔来た唐菜は今ではどうなったか。段々変って、最初の形のものは全く日本にないと言っても宜い程になって居る。蓼藍は蓼科に属するものですが、菘藍は大根や蕪のようなものと同じ十字花科に属し、葉が全く違い、蕪の葉のような形をして居る。日本には享保年間に初めて支那から来たのですが、支那に頼んだ所二ヶ所から来た。アイの原料植物として蓼藍、菘藍の二つが来た。それは菘藍の方を浙江大青という名で、菘藍の方は江南大青という名で寄越したが日本では江南大青を実用に用いずに、本草などをやって居る人が、珍しいというので単に花草のように作って居った。その為に実用の方に拡まらずに終った。私がここに持って来たのは本草図譜という本ですがこれには江南大青の絵が載って居る。蕪のように黄色い花が咲く。これを大青と書いたので日本では単に大青という名で呼んで来た。徳川時代に観賞用として作って、明治の始め頃まではあったようですが、種が絶えてしまって今日では日本にない。この学名はIsatis indigotica Fortuneといい、藍が採れるのでインディゴチカ、そうしてフォーチューンという支那のことを研究した人がこの名を付けた。このフォーチューンの書いたものに依るとその時分支那人に聞いたら、この名前をTein-chingと言ったということが書いてある。これを漢字に当てると靛青だろうと思う。これは支那では北支那や上海附近の大面積の土地に作って、六月頃に相当に生長するので、まだ花の咲かない前に葉を採って、それで藍玉を造って染料にするということになって居る。

そういう風に支那では菘藍を実用に使ったものでありますが、日本ではそういう所まで進展しなかった。
ところが面白い事には Isatis tinctoria というヨーロッパの種類がある。これは大青に比べると少し小柄です。それで日本人がホソバタイセイと名《な》づけた。北海道は前に牧草を入れたりしたのでその時に西洋の種が入って、それが北海道の海岸に野生した。今はどうか知りませんが前にはあった。それを間違えて認識して Isatis indigotica と言い、支那から来た大青を Isatis tinctoria だと思って居る人がある。そこで和名の方で面白い名が生じて居るのは、tinctoria の方をマタイセイと言って居る。マタイセイというのは真の大青と言うことです。つまり Isatis tinctoria も藍が採れるので、支那から来た大青と一緒のものと思ってマタイセイなどという馬鹿げた名前を付た訳であります。それで Isatis tinctoria と大青とは、属は同じであるけれども、全く別のもので、真大青どころではなく、似せ大青である。ニセタイセイならば聞えるけれどもマタイセイではしかたがない。
江南大青すなわち Isatis indigotica が藍として非常に値打ちがあるならば、支那から直に取寄せられる。これは種で播く越年生の植物で蕪大根と同じです。秋に播く。そうすると沢山生えるから、種を大いに取寄せて日本で作って藍の原料にすれば宜い訳です。しかし藍として使った色の具合揚げその他どうであるかは私は知りません。
まず東洋の藍としては蓼藍と菘藍が両方の大関みたようなものです。和名としては、昔は単にアイとは言わなかった。蓼藍を訳したのでしょうが夕デアイといって居った。しかしタデアイでは長いので、いつの間にかアイと短くなった。そういう例は他にも沢山ある。ハゼは九州の方に行くと随分沢山作って居りますが、あれは本物は日本の原産ではない。琉球の方を伝わって日本に入ったものであって、本当はリュウキュウハゼというのです。トウハゼとも言いますが、別にナンキンハゼという木があってそれと混雑するのでリュウキュウハゼという。しかし不断そんな長い名を言うのは面倒臭いので単にハゼと呼ぶようになった。日本の真のハゼというのがどの木を指すかということについては日本の学者でさえも恐ろしく認識不足です。日本のハゼは昔はハニシといって居った。ハニシがハゼとなった。今は植物学の方でヤマハゼといって居るのが本当の日本のハゼで山にある。あの黄色い心材で着物を染めたものが、上つ方の着物となる黄櫨染であります。あの属のものはその心材が皆黄色だからどれを用いても宜いでしょうが、黄櫨染というのは日本のハゼを用いた。リュウキュウハゼは後に来たものであって、今言うヤマハゼをその前にハゼとして用いた。今日の知識から見るとそういう間違いがどれ位あるか分らぬ。黄櫨もそうです。日本の以前の学者は黄櫨は日本のハゼだと思って居ったが、それは大変な間違です。黄櫨というのは、支那にはあるけれども、日本にはない。葉の丸こいもので、ハゼとは大変に違う。その黄と櫨と二つ言うのが面倒なので、櫨の字だけを採ってハゼにして居るけれども、櫨の字もハゼには当っていない。黄櫨という一つの植物の片方だからハゼではない。日本のハゼは野漆樹といわれる。今度新に出版された大槻さんの『大言海』などはやはり旧説を採って、新知識が少しも加わっていない。日本では植物について今日の新知識で書いたものを知ろうという便宜な書物が一つもない。昨日出来たばかりの百科辞書を見ても旧説ばかり書いてあって、迚《とて》も問題にならん。だから研究して居る人は知って居るが、そうでない人にはまるで分らぬ。

それから今一つIsatis japonicaという学名がある。これは、日本に来た人ではないけれども、オランダのミルという人が付けた名です。それは実はindigoticaという名のあることを知らずに付けたがIsatis japonicaとIsatis indigoticaとは同じものです。

それから日本で現在用いて居るアイにリュウキュウアイと云うのがあります。これは今まで述べたものとは非常に科の違ったものです。これは西洋の本に書いてある図ですが、こんな綺麗な花が咲く。琉球でも花はあまり咲かんようですが、咲くとこんな綺麗な花が開く。植物学上ではキツネノマゴ科である。ところがよくこれまでの本にヤマアイと書いてあったので、日本のヤマアイと間違って混雑した記事をよく見る。だからこの頃は私等は、ヤマアイという言葉を用いずに、この植物をリュウキュウアイと申して居ります。そうするとハッキリする。私は琉球にはまだ行きませんから分りませんが先年南九州を旅行した時、大隅の鹿児島湾に面した伊坐敷の北の方の処を海岸伝いに歩いて居ると、山裾の際にヤマアイが沢山生えて居た。あの辺のは昔から野生であるが別に採って利用することはない。琉球辺のものがあの辺に来て段々繁殖したものかどうかよく判りませんが、とにかく大隅や琉球に行けばこの植物は得られる。学名は Strobilanthes flaccidifolius Nees というが「軟い葉」という名が付いて居り葉も茎も軟い。これがリュウキュウアイです。不案内ですから断言は出来ませんが、琉球では多分これを利用して居りましょう。

李時珍という支那の学者が、藍には五種類あるということを書いて居る。それは蓼藍・菘藍・馬藍・呉藍・木藍の五つのことです。これを今日の知識で出来るだけ研究してみると、蓼藍は普通のアイです。菘藍は大藍ともいって、前に述べた大青のことであります。馬藍は菘藍と同じものらしい。呉藍というのは、支那人が何をいったのか判らぬ。木藍というのは、日本にはないが、荳科のもので、Indigofera tinctoria という植物です。日本で野外に出るとコマツナギという植物が幾らもありますが、あれに非常に似て居る。すなわちこの図が本当の Indigofera tinctoria です。灌木のようになって居るから木藍という。木藍は漢名です。これを日本の植物学者はキアイとか或は荳科の類なのでマメアイともいって居る。初めは、日本のコマツナギも木藍と同じ種類だから、このコマツナギから藍分が採れると思っていたところが、コマツナギには藍分がない。何故コマツナギというかと言えば、他には能のない植物ですが、強いので馬を繋いで置いても引抜いて行く事が出来ぬ。夏暑い時に桃色の花が咲く。これは木藍と兄弟同士ではあるが、木藍とは違う。木藍は日本にはない。けれども台湾あたりには植えて居るかも知れません。植物をボーッと見て居ると、一つのものの中に幾つもの種類が入って居ることが随分ある。きっとこの木藍の中には、Indigofera tinctoria ともう一つは Indigofera anil というのが入って居りはせんかと想像します。anil は木藍と非常に似た兄弟同士です。この tinctoria の方は実が真直ですが、anil の方は実がゆがんで居る。台湾には私は一遍行っただけでその後行きませんからよく存じませんが、tinctoria も anil も作って居るだろうと思います。共に葉を採って醱酵さして藍の原料を造る。Indigofera tinctoria は熱帯地に広く分布する種類ですから、広東一帯にはこの木藍を沢山作って居るのではないかと思います。

次はアカネです。根が赤いのでアカネという名が出た。アカネで染めたものが陳列してありますからどうぞ御覧下さい。これが茜染です。仮にこれを着物と羽織にして町を歩くと大変損する。紫もそうです。秋田県の花輪という処の紺屋さんに私が紫染を頼んで、染賃や地代とも、その時分の値段で六十円か払いました。それを娘の着物にしてやった。所がそれを着て町に出ると、外国染料で染めた紫は色が鮮かですが、本当の紫は色が曇って居るので、あまり佳《よ》いものを着て居るように見えない。実際は中々凝ったもので、見る人が見れば真価が分るが、普通の人には分らないから、ちょっと損するところがある。古代の紫根染の知識が足りない。まあ他人《ひと》が見てくれようがくれまいが自分さえ承知なれば宜い訳です。茜染もそうですがこれを見ると、まるで紅《もみ》の色に染めたようなもので、少しオレンジ掛かって居る。これに他の色を加味すれば赤いものが出来る。私共の子供の時分には蚊帳の縁に赤い木綿が附いて居りましたが、あれを俗に茜の木綿と言って居った。あれは本当の茜ではない。スオウの煮出した汁で凧などが赤く染めてありますが、あのスオウで染めた木綿布をその時分はスオウとはいわずに茜染といって居った。だから私共小さい時には、茜染というのはあんな赤いものだと思って居ったところが、豈《あに》図らんやこういう色をして居る。これで御覧の通り茜の染物は悉く絞です。紫根染も悉《ことごと》く絞です。もっと研究したらこれに模様を置くことが出来るかも知れんが、今の所では絞にするより外《ほか》仕方がないのであろうと思います。

　これを染めるには、私は詳しい事は知りませんが、紫根……といってもムラサキの根の皮が非常に染料を持って居る。その汁を一つ作り、別に灰汁《あく》を作る。東北地方ではサワフタギという木を灰として用いる。どういう訳でそういう木を選んだものか判りませんが、きっとあれは、昔京都辺で、紫を染める時にはサワフタギは用いないで、灰の木というものがある。焼くと灰が余計出るからそういうのですが、その灰の木というのは植物学者が今いって居るハイノキじゃない。昔の灰の木を今日の植物学者はトチシバとかクロバイとかいって居る。昔の人は、日本にない山礬《さばん》という植物をこのクロバイだと思って居った。だから書物には山礬をクロバイとかトチシバなどと書いてあるけれども、それは間違って居る。とにかくトチシバを灰の木といって居ったので、それで灰に用いて居ったのではないかと思いますが、その灰汁の工合に依って色が違うようなことがないとも限らん。それは染料を専門にやって居る人はよく解って居るでしょう。ところで面白いことには、京都辺で用いるクロバイも、東北地方でのサワフタギも、同属でSymplocosです。だからSymplocosに属するものは灰として何か特別に宜いことがあるのではないかと思う。その灰汁の中に布を入れ、今度は紫の汁の中に布を入れる。それを引上げて乾かして、また灰汁の中に入れる。それを上げて乾かして紫の汁の方にまた入れる。両方に何度もやって居る間に色が段々濃くなって、こういう風に染まる。非常に時間の掛かるもので、上等に染めるにはほとんど一年ぐらいを費すと言って居りました。だからこういう絞ならば、漬けるだけですから宜い訳でしょう。今のところはまだ出来ませんがこれに模様が置けるように工夫すれば面白いものが出来る訳です。そういうことは今日の知識で研究すれば出来ないことはないと思う。茜も同様で、漬けるものですから絞だけです。しかし絞も中々雅味のあるもので、それだけでも中々面白い。

この紫というものは誰も注意を惹くものです。この染物をウンと作って出そうと思うならば、やり方に依て何でもない。しかし今は原料を天然のままにしてあるから、まず原料を得るのに厄介ではないかと思う。そこでナンブムラサキ、これは昔南部といった盛岡附近から出るムラサキだからナンブムラサキというのですが、あの辺は山に原料が沢山あるものと見える。私が花輪で聞いたところでは、花輪の紺屋さんは原料を岩手県から仕入れるということでした。秋田県にはその原料が絶対にないかどうかそれは判りませんが、ともかく少ない。秋田一帯は、火山が噴出してそこを覆うた土地らしい。それであの辺は新しい土地であるから、植物が比較的、盛岡方面に比べると、単純でかつ種類が少ない。そういう訳で、ムラサキの原料植物が秋田県の方には少ないらしい。ムラサキは東京附近にも少しはある。例えば、高尾山の山脈とか、軽井沢の山地、籠坂峠あたりにある。だからムラサキは探し廻れば方々にある。あれを移植すれば、誠によく着いて花が咲いて実が出来る。その実を取って畑に播くと原料は沢山得られる。昔はそうしたものです。天然の原料ばかりでは足りないので、やはり播いて生やして用いた。あれは注意して播けば幾らでも生えて来る。百本や二百本のムラサキを作るのは何でもない。「むらさきの一本故《ひともと》に武蔵野の草は皆がら憐れとぞ見る」という歌があります。これはムラサキが一本ある為に草が皆なつかしいというのですが今日はムラサキは武蔵野に滅多にない。辺鄙な処にはあるがちょっと行っても中々ない。昔沢山あったものかどうかも怪しい。とにかくムラサキは武蔵野と関係はある。そういう関係のある草だから花が咲いたら嘸《さぞ》ゆかしい花だろうと誰でも想像するけれども、花が咲くと意外で、まるで雑草の花のようです。よくススキの間などに生えて居って、二尺位の高さになって枝を分って、白い花がボツボツと咲いて居る所は、少しは風情があるけれども、知らずに居れば雑草です。ムラサキは火山灰の沢山積ったような処に非常によく根が出来る。天然のものを採ろうと思えば骨が折れるが、作ろうと思えば世話はないから、そういうように作って紫染を造れば比較的楽に出来る。

ムラサキというのは日本ではただ一種しかない。支那で紫草といって居るものは、ヒョットすると日本の紫草とは別のムラサキではないかとも思われるのは、支那の『植物名実図考』という本を見ると、全く別の属のものを紫草と書いてある。だから支那には別のものがあるかも知れない。尤も日本のムラサキと同じ種類のものが支那にも分布して居る。日本のムラサキはアメリカ辺にあるところのものと非常に似て居る。だから学者によっては日本のをアメリカのものの変種にして居る人もある位です。

アカネは日本でも色々な種類があります。まず普通のアカネ。そしてアカネムグラ、これは普通アカネよりはもっと小さい形をして居る。クルマバアカネ。オオクルマバアカネ。オオアカネ、これは深山などに行くと葉の大なものがある。アカネにも色々種類があるから、初めに私が申したように一つの植物園を造って、そういう色々の種類を植えて、その中でどれが染料として一番役立つかを研究して見なければ判らぬ。そうしてその中で例えば、オオアカネが茜染にするには一番よいということになれば、種は沢山採れるから種を採って畑に繁殖させれば宜い訳です。その製品が収支相償うようになれば誰でもやる。もしそこに分類学者が居るとすれば、ムグラの類と大いに近い Calium の根はやはりアカネと同じように赤い色をして居るから、この類も用いられはせぬかという予想が着き易い。それだから色々の類似したものを取寄せて植えて置くとその中で選り抜くということが出来る。西洋のアカネは Rubia tinctoria といって、日本の植物園みたような処には植えて居るが普通にはない。これも西洋では染料に使う植物です。それもこっちで大いに作って、日本にあるアカネと西洋のアカネとの優劣を比較して、何でも優れたものを用いるようにして行けば宜い訳であります。アカネは茜という字を書きますが、この字の音は茜《せい》ではなくて茜《せん》でなければならぬ。

それから先程拝見した原料の中に刈安というのがありましたが、カリヤスというのはどれも禾本科植物です。日本でカリヤスというのは種類が三つある。まずコブナグサで染めるものをカリヤスという。なんでも八丈島の方ではコブナグサがカリヤスになって居る。それから信州辺に行くと百姓などが家でカリヤスを染料に用いる。それはススキみたような大きな草です。山に行くと在る所には沢山生えて居る。それから西の方に行き、土佐方でカリヤスというのは違う。これは植物学上ではウンヌケモドキという。ウンヌケというのは三河にある。それはウシノケが誤ってウンヌケとなった。毛が沢山あってそれに似て居るからウンヌケモドキという。ちょっと生長すると三尺ぐらいあります。やはりススキのような形で、上の穂が三つか四つ位に分れて居る。それがやはり染料になる。こういうように三つある中でどれが一番よい染料が採れるかということを研究するのも必要だ。なおカリヤスという染料は唯三つしかないかというと決してそうではなかろうと思う。一体禾本科はどんなものでも黄に染めることが出来る。そうして日本には禾本科植物は随分沢山あるから、更に色々なものを選べばこれと匹敵する染料或はこれに優る染料が得られないものでもない。この意味に於てカリヤスもまだ研究の余地がある。

どういう訳でカリヤスというかといえば、普通は、あれは沢山生えて居って刈るのに非常に楽で、すぐ刈取ることが出来るからだというのですが、ちょっと簡単に納得出来ない語源です。ムギのことをムギヤスともいうから、ヤスというのが何か別の意味かも知れませんが、私は語源学者ではないからよく判らん。

コブナグサの漢名として藎草と書いてありますが、これが大変間違って居る。藎草というのはコブナグサではない、しからば何かというとチョウセンガリヤスです。これもカリヤスの名が附いて居るが、染料に用いるからではないかと思います。チョウセンガリヤスというのは、日本に限ったことはない。支那にもある。東洋の大陸から日本に掛けてある禾本科の植物です。葉が小さい。それが藎草です。だから藎草はチョウセンガリヤスといわなければならない。そういうように昔の人は支那の名を非常に誤って居る。その間違いを片っ端から挙げると何十もある。習慣になって居るから仕方なしに用いては居るけれども、大分改めなければならない。

もう一つヤマアイ、これはよく山の樹下などに沢山生えて居るものです。東京附近ではあえてどこにもありませんが、西南地方に行くとよくある。京都附近の山にも見られる。

これは昔朝廷で大嘗会とかああいう儀式のある時に奉仕する人が着る上衣に、この生の葉を摺り付けて緑の色を出したものです。そんなことがあるためにこのヤマアイは、そういう方面では非常に有名な染料植物となって居る。高さは二尺ぐらい、葉はモモの葉をもっと広くしたようなもので、それが対生して青々として居る。割合に軟い草で、それに見すぼらしい花が春先に咲く、多年生の植物だから下の方も無論冬も枯れずに残っているし、上の方もいつまでもよく残って居る。何だか神秘のありそうな草に見える。ヤマアイを押して乾かして標品にすると、葉が藍の葉のように黒ずんだ色になってしまう。それから茎は緑色で、根の方に近い所は薄緑です。それを押葉にすると今度は、あまり濃くはないけれども綺麗な紫色になる。そういう色の変わるところを見ると、下の方には幾分か紫の色分がありはしないかと思われる。斎藤賢道君がああいうものを研究していた時代に、ヤマアイには色分は少しもないものだと私に話したのを覚えて居るが、名はヤマアイというけれども、染料分はあまり採れないものらしい。採れても極く些細なものかも知れませんが、あまり重要な植物ではないようだ。しかしこれは兎《と》に角《かく》由緒のある植物です。山に行って採って来て植えて置くとよく繁殖する。

それから今は染料に用いないけれども**カキツバタ**、これを昔染料に用いた事はカキツバタの名それ自身が現わして居る。全体どう言う訳でカキツバタというかと言えば、前の学者の研究によると、カキツケバナというものが縮まってカキツバタになった。あの汁を着物に摺り着けることをカキツケルという。摺ることをカクという。昔はカキツバタの花びらを取って、その汁を白い布に摺って染め、それを用いたらしい。だからやはり染料植物の一つに数えることが出来る訳です。

私は昭和八年六月に広島文理科大学の学生を連れ同県下を旅行した時、ずっと北の山県郡の八幡村という辺鄙な処に行ったのである。そこに二町歩ぐらいカキツバタが野生して居る処がある。それは道の縁になって居る平地です。ああいう広い処にあれくらいカキツバタが野生して居る所はちょっとない位に盛んに生えて居た。六月ですから花盛りで、非常に綺麗に花が咲いて居た。私は染々見て居る間に、染料上の色々なことが頭に浮んで来た。沢山咲いて居るので、見渡す限り鮮かな紫色の一色です。花を取て潰して絞ると汁が出る。それをハンケチに摺ってみたところが誠によく染まる。少しもムラがなく紫色に染まって居る。これは乾くと、生の時よりも色が薄くなって藤色みたいになる。その時は夏のことですからワイシャツが白であった。胸にも大いに摺り着けた。昔の人の気分になろうと思って、やたらに花を摺り着けて一人悦に入った訳です。そこでこれは誠に拙劣な川柳みたような俳句みたようなものですが、その時の感じは、

衣《きぬ》に摺りし昔の里かかきつばた

ハンケチに摺つて見せけりかきつばた
白シヤツに摺りつけて見るかきつばた
此里に業平来れば此処も歌

業平は三河の国の八橋《やつはし》というカキツバタの名所に行って歌を詠んだが、この八幡村に来たらきっと歌を詠んだろうと思う。

見劣りのしぬる光琳屛風かな

光琳のカキツバタの屛風は有名なもので、今は何万円もするかも知れない。けれどもこの実景に比べては光琳の屛風などは無論問題ではない。

見るほどに何んとなつかしかきつばた

昔の事を思い出して見て居ると何となくカキツバタがなつかしくなる。

去ぬは憂し散るを見果てむかきつばた

ここを去るのはどうも惜しい。カキツバタが凋《しぼ》んでしまうまでここにいたいという感じです。

それからカキツバタを燕子花と書くのは全く間違いです。古人が燕子花の実体をよく知らないでカキツバタに当ててしまい、今日は誰も怪しまず燕子花と書いて居る。あれは間違いだとハッキリ言える人は日本の中でも二人か三人ぐらいしかいない。私はその中の一人です。罪を作るようですが事実間違って居るから仕方がない。あれはどうして間違えたかというと、こういう面白いことがある。支那での『渓蛮叢笑』という本に燕子花の名が出て居る。その燕子花なるものの説明を、仮名混り文に直すと「紫花ニシテ全ク燕子ニ類シ藤ニ生ズ、一枝ニ数葩」と同書の中に書てある。これだけの文章しかない。これを日本人が見て、これこそカキツバタに当るというのですが少しも当っていない。まず「紫花ニシテ」だけは当って居る。それから「全ク燕子ニ類シ」あれを燕と思えば思えぬこともないから、まあここまでは許して置いて、「藤ニ生ズ」の藤《とう》は本当はツルあるいはカズラのことです。日本でフジに藤の字一つを当てるのは間違って居る。ツルに生ずる。最後に「一枝ニ数葩」とあって、「数葩」というのは幾つもの花ということです。ヒョロヒョロとした茎に六つか七つの花が着いて居るという意味である。これが何んで日本のカキツバタになるか。カキツバタは茎が棒の如《ごと》く真直に立って居って、上に三つの花があるものです。

三つあるけれどもそれが一度には咲かない。一つ咲いて、それが済んでから次が咲き、また次の花が咲く。見たところは一輪しか咲いていない。だからカキツバタは一枝に数葩とは言えない。このように比べてみると前の人の粗漏なことがよく判る。カキツバタにはなっていない。それを燕子花がカキツバタだと言って世間の人を迷わせて居る。しからば燕子花というのはどういう植物かといえば、燕子花は今日の知識では解るが、昔の人には解らん。昔の人は、支那に行ったことはなし、支那の標品を見たことはなし、支那に完全なる書物はないから、実物が分からず、ただ想像で言って居るに過ぎない。燕子花は町によく売って居る飛燕草《ひえん》の類で、学名は Delphinium grandiflorum L. var. chinense Fisch というのです。これは北京の北の長城辺の野山に行くと沢山生えて居るらしい。瘦せ長い茎の下の方には分裂した葉が着いて居って、上に行くと直径一寸ぐらいの花が五つ乃至七つぐらい咲いている。後ろに角のような距が出で、花びらは開いて、綺麗な紫の花である。だから燕と言える。とにかく燕子花というのは日本にはない。カキツバタにはまだ支那の名は見附からない。

それからカキツバタに杜若《とじゃく》という漢名を俳人や本草学者が前からよく用いて居った。今でも俳句などをやる人は杜若と書かないと気が済まない。俳人というものは割合に頑固で、昔の儘《まま》の膠着状態を続けて、誤りをあえてして居る。杜若もそうです。尤《もっと》も俳人が決めたのではなくて、昔の学者が決めたのです。小野蘭山の出た本草学の爛熟時代になって杜若はカキツバタではなく、ヤブミョウガだと言出した。ヤブミョウガは竹藪の処に行くとよく生えて居る。すなわち杜若は後にはヤブミョウガになったが、それでも間違って居る。今日の知識で見ると、杜若はそんなものではない。やはり支那の本を参酌するとよく判るが、ショウガ科のもので、私共がアオノクマタケランといって居る植物がそれです。これは伊豆七島の三宅島などに行くと幾らでも得られます。それが杜若です。

序でに、ここに薯榔《クーロー》というものが出て居りますが、これは染料に有望なものであって、植物学上から言うとヤマノイモとかツクネイモの属です。これは鉢の中に植てあるから小さいのでしょうが、原産地の琉球の八重山あたりに行くと非常に繁茂して、イモも太くなって居る。これは原料が沢山要るということになれば、台湾とか琉球のような暖い処に作れば幾らでも出来る。どうも天然のものだけ用いると、分量が少ないから、作るより仕方がない。その作るので思い出したのは、大島紬が、その価格九十何円と書いてあるが、どうしてこんなに高くなるものですか。理由がちょっと分らぬ。地は絹を用いるし、染料はシャリンバイの皮である。シャリンバイが非常に乏しくなってこれが高くなるとすればもっとウント海岸に作れば宜いし、大いに作って原料が余計採れるようになれば、大島紬を安く供給することが出来はせぬかと思います。

カギカズラは茎に鉤《かぎ》が出来るので、日本ではカギカズラ、支那では鉤藤といって居ります。しかし、尤も正しく言うと、カギカズラには二種あって、余程似てはいますが、日本のカギカズラと支那の鉤藤との二つになります。

それではズルズルと長く話して甚だ恐縮の至りでしたが、これで私の話を終ります。

地耳

地耳は漢名であって、支那の諸書にこの名が出ていて一に地踏菜とも地踏菰とも書いてある。

従来我邦の学者がこれを考証して、それを一の菌《キノコ》であると断じ、彼の松岡恕庵《じょあん》、小野蘭山は共にこれをクロコ（一名クロハチ、ジャクビ、ウシノカワダケ）に充《あ》て、岩崎灌園はこれをハイタケに充てている。

しかるに、この地耳は決してそんな菌では無く、これは越中方言のジクラゲという者であって、京都の北地所在に多く産し菜店に誤て加茂川ノリと呼んでいる者はその実はこの地耳であると喝破した人が京都に在った。すなわちそれは山本章夫氏（亡羊先生の孫）ではなかったかと思うがこの説は正しい様である。がしかし加茂川ノリを同物とするのはいかがと思う。次で田中芳男氏もまた同じく地耳をジクラゲだとして書いている。

このジクラゲは淡水藻中、藍藻類に属せる念珠藻科のネンジュモ属の者で、蓋《けだ》し同属中の最も普通品なるNostoc commune, Vaucher.がすなわちその者であろうと思う。

この者は春から夏にかけて時々処々で見受けられ地面上に生活しているが、あるいは寺院の庭に在り、あるいは芝地に在り、あるいは山地の廃田に在り、またあるいは湿った山路などに在って多くは群を成している。雨の時など湿れば膨れて寒天状を呈し、宛《あた》かも木耳《キクラゲ》を踏みつけた様な姿を成し、濁黄緑色を呈してビロビロとしているが、日が照って乾けば地面にへばり着いて丁度乾いた犬糞を想わしむる状を呈する者である。しかしそれが一朝水に潤えば忽《たちま》ち復《ま》た原《も》との膨れた形ちと成るが、その形状大小はすこぶる不定である。その寒天質の体中には無数の糸状体があって、この糸は球状細胞が一列に連りて念珠状を成し、これは顕微鏡で無ければ認められない程細微な者である。そしてこれらを念珠藻というのは右の状態に基き明治年間に出来た名である。

本品は固《もと》より生鮮な時に食すべき者ではあるが、しかしまた干し貯うればいつまでもそのままでいるから、随時これを水で膨らせ用うれば宜しい。そしてこれを食うには三杯酢あるいは薑醋《しょうがず》にすればよい。

琉球の八重山諸島では本品をハタケアサ（畠アオサの意）と称え、土人はそれを採って米と共に炊ぎ食うとの事である。同地ではまたジノリ（地海苔の意）ともジーフクラ（地膨れの意）とも呼ばれている。

支那の書物の『救荒野譜』（『農政全書』の「野菜譜」）に図を入れてそれが次の様に記し

てある（漢文）。

地踏菜　苔ヲ食フ

一名地耳状チ木耳ノ如《ごと》ク春夏ニ雨中ニ生ズ雨後ニ采リ熟シテ食フ日ヲ見レバ即チ枯没ス

地踏菜。雨中ニ生ズ。晴日一タビ照セバ郊原空シ。荘前ノ阿婆ハ阿翁ヲ呼ビ。児女ヲ相携ヘテ去テ匆々。須臾ニ采リ得テ青ク籠ニ満ツ。家ニ還テ飽食シ歳ノ凶ヲ忘ル。東家ノ懶婦ハ睡正ニ濃カナリ。

今これを読んで見るとすこぶる趣がある。

〔補〕今から七、八年も前であったろう。広島文理科大学植物学教室の職員学生と共に帝釈峡（備後）へ植物採集旅行をした事があった。その時その帰途、山地の路上広く一面、実に足の踏み入れ処もないほど、上の地耳、すなわち地クラゲが繁殖していた事に出逢ったが、陣々相比《な》らび簇々相薄まりその熾《さか》んなること洵《まこと》に空前の盛観であってよくもかく殖えたもの哉《かな》と目を瞠らしめた。

豊後に梅の野生地を訪う

九州の豊後ならびに日向の地には梅の野生地があると聞き、是非一度はそれの実地見分を致したいものと思っていた。しかし何分東京より遠い九州の事であるので、思うに任せずこれまでその希望が達せられなかった憾《うら》みがあった。

ところが今回、かねてあこがれていた梅の野生地を実地に見る事を得て、始めてその状況が判明し、年来の切望を果す事が出来た。

私は昭和十五年十月十八日東京を立って、かねて招きにあずかっていた広島文理科大学へ学生の実地指導と講義とに出掛けた。それが済むと、同月三十一日宇品港から出航して、その翌日すなわち十一月一日早暁に豊後の大分市に上陸した。

同地では大分県教育会が主となり、同国の臼杵町、佐伯町を中心として四日間植物の採集会が催されたので、ヘツカニガキの大木ある四浦村久保泊にも行き、またショウベンノキ、モクタチバナ、ヒゼンマユミ、スナゴショウ、クルマバアカネ、イワガネなどのある津久見島へも行った。

上の四日の内の十一月三日に梅の野生をヴィジットすべく赴いた。すなわちその目的地は豊後南海部郡因尾《インビ》村の地内であって、そこは佐伯町から稍《やや》南よりの西方七里程も奥の地点で井ノ内谷という処である。ここは左右は山で、一条の渓流が山間の奥から流れ出で、入口の辺はその流れの附近にボツボツ農家が点在しているが、奥の方へ到るに従い人家は無くなる。この無くなったなお奥の方から渓流の両岸に沿うて梅の樹が断続して野生して居り、その数はすこぶる多い。そして古木もあれば嫩木もある。また渓流へ落ち込む小《ちいさ》い谷川の奥、すなわち人家も無い山間にも生じているといわれる。聴て見ると井ノ内谷のその樹の総数は大小を雑えてザット千本ほどもあらんかとの事である。

今は丁度晩秋であれば、その葉も半ばは散っていて何の風情もこれなく、ただ大小の繁き枝が梅独特の樹勢を見せているに過ぎないのであったが、しかし春の花の時は全く俗塵を離れた境地で中々佳《よ》い眺めであるといわれる。

聞く所によれば、以前は仕方の無い無用の樹として伐り棄て次第にした事もあり、植木屋が盆栽用としてその株を掘り取りに入り込み来ても、村人は却《かえっ》てこんな邪魔な樹を除いてくれると喜んでいたとの事もあったが、近年その樹の減るのを惜しむ人々が出来てそれは禁制にしたそうだ。そして今日では時局柄梅の実に値が出て来たので却てその樹を大事がり、専ら実を採る事にしているとの由である。

この梅は支那と同様に果して日本にも天然に野生していたのか否か、私の窃《ひそ》かに考える所では、元来梅は日本の固有種では無いと断じたい。そしてこれは余程遠い昔に桃や李と同じ様に支那から伝えた者であろうと信ずる。九州は太古大陸からの人種が旧《ふる》く入り込んで来た地であるから、それらの人々によりて持ち来たされ、それが元となって、大昔その人種の入り込みし処に次第に繁殖し、今日では世の変遷につれて最早《もは》やその人種はそこに居なくても、またその住所跡は全く湮滅して今は全く見られなくとも、その梅は依然として爾来悠久な星霜の間、葉落ち花開いて連綿その生を続けている者であるであろう。見渡す所今日非常に古い老樹は見当らんが、これは元来梅はスギ、クスノキなどの様に、そう永年生を遂げ得る樹では無いので、その間新陳代謝し、従て今では古代の樹は認め得られぬのである。そしてその繁殖はその梅の実が自ら地に落ち、すなわちそこに自然に仔苗が生えて縦《ほしい》ままに生長するのである。梅樹が主として渓流に沿うた地に在る所を以て観れば、梅の特性はこんな土地を好む者と見て差支えは無かろう。それは丁度カワラハンノキあるいはネコヤナギが河辺の地を好んで生活しているのと同じ理窟で水を見て暮すのが彼《か》れの天性でがなあろう。

なお大分県の「史蹟名勝天然紀念物調査報告」第十五輯に拠れば、上の外、梅の野生地は、やはり南海部郡なる因尾村の黒岩、切畑村の提内《ヒサギウチ》、上堅田大越《オオゴエ》の船河内《フネカワチ》、同じく富士《フジ》河内《カワチ》、下堅田の石打《イシウチ》にもあると記してある。そしてなおその他そこにもあるとの事である。また日向の国の北部地にもあると聞いた。

昭和十五年十二月十四日大分県別府の温泉客舎にて記す。

〔補〕　上の因尾村に野生梅を探検するについては私の希望を満足さすべく特に山本義光氏（大分県史蹟名勝天然記念物調査会委員）の好意があったので、ここにその探梅行が実現せられ、そしてその東道の主人役を勤められた。為めに私は初めて野生梅の実景を親睹し、ここに年来の宿望を果し得たのは全く右山本氏の芳情のお蔭げで、深く同氏に感謝して止まぬ次第である。その開花ならびに野生状態の写真が昭和十六年九月一日発行の『実際園芸』第二十七巻第九号に出ている。

茱萸とはどんな者か

支那の風俗で彼の九月九日、すなわち重陽の日に高きに登って茱萸を頭に挿しはさみ、あるいは時とすると酒に入れ茱萸酒として飲むといわれるその茱萸について今ここに少々述べて見る。

茱萸と称える者には二つあって一は呉茱萸、一は食茱萸であるが、九月九日に使用するのは主として呉茱萸（Evodia属の者）の実である。しかし呉茱萸には南品と北品とがあって、薬に入れるのは呉地の者が良好だから、それで呉の字を冠して特に呉茱萸といい、かつその実に大小があって薬にするのにはその小なる者が勝っているといわれている。

前に書いた様に食茱萸をも茱萸と呼び呉茱萸との間がすこぶる混雑しているが、時とするとこれもまた使用する事があるらしい。そしてその場合にはその蒴果の開裂した中の黒い種子を除き去り唯その果皮のみを用うるといわれる。この食茱萸なる者は何か山椒類の者の様ではあるが、しかしその実物は判然しない。それを我邦の学者はカラスノサンショウ（*Fagara garaailanthoideis* Engl.）に充《あ》てていれどもこれは固《もと》より適中していない。

要するに、上に書いた様に茱萸には二つあって、すなわち一は呉茱萸、一は食茱萸であるが、しかし薬物の方面では茱萸の字を単独に用いている事はほとんど無い様で、茱萸といえば呉茱萸であるか、また食茱萸であるか何《いず》れかである。ツマリ今では右の呉茱萸、食茱萸の二種の総名と成っているワケだが、しかし茱萸は呉茱萸が主品である。

既に上文に述べた様に呉茱萸には二品があってその実に大小があり、そしてその小実なる者が薬には佳《よ》いのだとウタッテあるが、これはあるいは *Evodia officinalis* Dode. と *E. rutaecarpa* Benth. とを指したものではなかろうか。そして呉茱萸の主品はその種名から推想しても *E. officinalis* Dode. の方ではないかと思われる。*E. rutaecarpa* Benth. の方は徳川時代に我国に来て今処々にこれを見、我邦人はこれをゴシュユといっているが、その *E. officinalis* Dode. である方の呉茱萸の生本はまだ日本へは来ていない。数年前京都の医家永井朋吉氏方にて支那から来た呉茱萸の生薬を見た事があったが、それは実が小さくてまずほぼ同属の *E. meliaefolia* Benth. すなわちシマクロギの実に似ていた。ツイスルとこれが

あるいは上の *E. officinalis* Dode. の実ではなかったろうか。

我邦人が旧《ふる》くから茱萸をグミと訓ずるのは固より誤りである。これは昔山茱萸をサワグミだの、ヤマグミだのと称えたもんだから、茱萸もまた同じ者と思い違いをしてこれをグミだとしたものであろう。そして呉茱萸でも食茱萸でも何れもグミの様な実は生らぬ。グミらしい実の生る者は山茱萸であるが、しかし山茱萸には単に茱萸という名は無い。そしてまた重陽に関係のある茱萸には山茱萸はあえて与ってはいない。ゆえにこの九月九日の茱萸をグミと思うはこの上もない見当違いである。『広羣芳譜』の茱萸の条下に山茱萸として「朱実山下開、清香寒更発、幸与二叢桂花一、窓前向二秋月一」の五言絶句が出ているが、この詩は本当の山茱萸のそれではなくてこれは山地の茱萸であろう。

茱萸の織り込んである支那の詩に左の如き者があるからここに列記して見る。

旧日重陽日、伝レ杯不レ放レ杯、即今蓬鬢改、但愧菊花開、北闕心長恋、西江首独回、
茱萸賜二朝士一、難下得二一枝一来上、

人世悲懽自不レ同、莫三将二一様一看二西風一、今朝憶著茱萸賜、幾箇夔州白髪翁、

独在二異郷一為二異客一、毎レ逢二佳節一倍思レ親、遥知兄弟登レ高処、遍挿二茱萸一少二一人一、

秋葉風吹黄颯颯、晴雲日照白鱗鱗、帰来得レ問二茱萸女一、今日登レ高酔二幾人一、

萸如二蝿子攢レ頭赤一、酒似二鵞児破レ殻黄一、饋レ我真成両奇絶、為レ君大酔作二重陽一、

手種二茱萸一旧井傍、幾回春露又秋霜、今来独向二秦中一見、攀折無三時不二断腸一、

我邦の学者達はこれら詩中の茱萸を以てグミと解釈しているが、これはトンデモナイ間違である事は既に上に書いた通りである。しからばこの詩中の茱萸は何んであるかというと、これもまた前に述べた様にそれは呉茱萸である。しかし時とすると食茱萸もまた用うる事があるとの事である。

一体、茱萸とは何《ど》んな意味を有する文字であるのかというと、『本草綱目』呉茱萸の「釈名」条下で李時珍が「茱萸ノ二字義未ダ詳ナラズ」（漢文）と書いている。そうすると茱萸とは元来どんな意味で名づけたものか判らんのである。

呉茱萸の形状性質については『本草綱目』呉茱萸の「集解《しゅうげ》」中に引用してある宋の蘇頌の『図経本草』の説がすこぶる要領を得ているようだから、今左にこれを抄出して見よう。すなわちそれは、

今処々ニ之レアリ、江淮蜀漢ニ猶多シ、木ノ高サ丈余、皮ハ青緑色、葉ハ椿（牧野いう、チャンチン）ニ似テ闊厚紫色、三月ニ紅紫ノ細花ヲ開キ、七月八月ニ実ヲ結ビ椒子ニ似タリ、嫩ナル時微黄、熟スルニ至レバ則チ深紫、或ハ云ク顆粒緊小久キヲ経テ色青緑ナル者是レ呉茱萸、顆粒大ニシテ久キヲ経テ色黄黒ナル者是レ食茱萸ナリト、恐ラクハ亦然ラザラン（漢文）

である。

『広羣芳譜』に『風土記』を引て記する所に拠れば

俗九月九日ヲ尚ンデ之レヲ上九ト謂フ、茱萸ハ此日ニ到テ気烈ニシテ熟シテ色赤ク其房ヲ折テ以テ頭ニ挿ムベシ悪気ヲ辟テ冬ヲ禦グト云フ（漢文）

とある。

また同じく『広羣芳譜』に『続斉諧記』を引してあるのは

汝南ノ桓景ハ費長房ニ随テ学ベリ、長房之レニ謂テ曰ク、九月九日汝南ニ当《ま》サニ大災厄アルベシ、急ギ家人ヲシテ嚢ヲ縫ハシメ、茱萸ヲ盛テ臂上ニ繋ケ山ニ登リテ菊花酒ヲ飲メバ此禍消スベシト、景ハ言ノ如ク家ヲ挙テ山ニ登レリ、夕ニ還レバ鶏犬牛羊一時ニ暴死セルヲ見ル、長房之レヲ聞テ曰ク、此レハ代ルベキナリシト、今、世人九日ニ高キニ登リテ酒ヲ飲ミ茱萸嚢ヲ帯ビルコトハ蓋《けだ》シ此ニ始マル（漢文）

である。

今日我邦諸処に植てあるいわゆるゴシュユは、享保七年〔一七二二〕に朝鮮から伝えたとある。そうするとそれは昭和十五年から二百十八年前に当るのである。前に既に書いた様に元来呉茱萸と呼ぶ者は支那に二種あるのだがその一方の者が朝鮮を経て日本へ来たワケである。しかるに日本では昔からこれをカワハジカミだのカラハジカミだのといっているが、これはその実物がまだ我邦に来ない前に、その当時の医薬関係の学者が支那の書物を参考してこれらの名を附けたものであろうと私は考える（この点白井光太郎博士とは聊《いささ》か意見の相違がある）。しかし延喜式以前に既にその実物が来て作っていたと考うる事は正しい事実と信ずる。そうして見ると前文の享保七年に来たというのは再渡来でなければならないワケだ。

食茱萸は前にも述べた様に、我邦の本草学者が考えているカラスノサンショウでは決して無いが、しからばそれが果して何んの学名の樹であるのかFagara属の者の様でもあれど一向に判然しない。唐の陳蔵器という学者がいうには「其子辛辣ニシテ椒ノ如シ、南人淹蔵シテ果品ト作シ、或ハ以テ遠キニ寄ス」（漢文）とある。カラスノサンショウは決してこんな食品とは成らぬ。小野蘭山は彼れの『本草綱目啓蒙』に「本邦ニテハ食用セズ」と書いて、これは食える物だが日本では食わぬとの意をホノメカシていれど、それは食いたくても食えぬ実であるから誰れも食わない。

呉其濬の『植物名実図考』に載っている呉茱萸の図は蓋《けだ》しトウダイグサ科のヤマヒハツ（Antidesma）属の一種を描いた者でこれは勿論本当の呉茱萸では無い。

私と大学

昭和十四年から凡《およ》そ五十二年程前の明治廿《にじゅう》年頃に民間の一書生であった私は、時々否《い》な、ほとんど不断に東京大学理科大学、すなわち今の東京帝国大学理学部の植物学教室へ通っていた。がしかし大学とは公に於て何の関係もなく、これは当時植物学の教授であった理学博士矢田部良吉先生の許しを得てであったが、先生達始め学生諸君までも非常に私を好遇してくれたのである。教室の書物も自由に閲覧してよい、標本も勝手に見てよいとマルデ在学の学生と同様に待遇してくれた。その時分はいわゆる青長屋時代であった。私はこれがため大変に喜んで自由に同教室に出入して大いに我が知識の蓄積に努め、また新たに種々と植物を研究して日を送った。そこで熟《つらつ》ら私の思うたには、従来我邦にまだ一の完全した日本の植物志すなわちフロラが無い。これは国の面目としても確かに一の大欠点であるから、それは是非ともわれら植物分類研究者の手によってその完成を理想として、新たに作り創めねばならんと痛感したもんだから、私は早速にそれに着手し、その業を緻《はじ》める事に決心した。それにはどうしても図が入用であるのだが、今それを描く自信はあるからそれはあえて心配は無いが、しかしこれを印刷せねばならんから、その印刷術も一ト通りは心得て置かねば不自由ダと思い、そこで神田錦町に在った一の石版印刷屋で一年程その印刷術の稽古をした。そして愈《いよい》よ日本植物志を世に出す準備を整えた。その時私の考えでは凡そ植物を知るにはその文章も無論必要だが図の方が早解りがする。ゆえに不取敢《とりあえず》その図を先きに出しその文章を後廻しにする事にして断然実行に移す事となり、まずその書名を日本植物志図篇と定めた。これは日本植物志の図の部の意味である。そして愈よその第一巻第一集を自費を以て印刷し、これを当時の神田裏神保町に在った書肆敬業社をして発売せしめたが、それが明治廿一年十一月十二日で今から大分前のことであった。その書名は前記の通りであったが、これを欧文で記するとIllustrations of the Flora of Japan, to serve as an Atlas to the Nippon-Shokubutsushi. であった。助教授であった松村任三氏は大変にこれを賞讃してくれて「余ハ今日只今日本帝国内ニ本邦植物志図篇ヲ著スベキ人ハ牧野富太郎氏一人アルノミ……本邦所産ノ植物ヲ全璧センノ責任ヲ氏ニ負ハシメントスルモノナリ」と当時の植物学雑誌第廿二号の誌上へ書かれた。

それが明治廿三年三月廿五日発行の第六集まで順調に進んだ時であった。これに突然私に取っては一つの悲むべき事件が発生した。それは教授の矢田部氏が何の感ずる所があってか知らんが、ほとんど上の私の著書と同じ様な日本植物の書物を書く事を企てた。そこで私に向うて宣告するに、今後は教室の書物も標本も一切私に見せないとの事を以てした。私はこの意外な拒絶に遭ってヒタと困った！ 早速に矢田部氏の富士見町の宅を訪問して氏に面会し、私の意見を陳述しまた懇願して見た。すなわちその意見と言うのは第一は先輩は後輩を引き立つべき義務のある事、第二は今日植物学者は極めて寡《すくな》いから一人でもそれを排斥すれば学界が損をし植物学の進歩を弱める事、第三はやはり相変らず書物標本を見せて貰い度《た》き事、この三つを以て折衝して見たが氏は強情にも頑としてそれを聴き入れなかった。その時は丁度私が東京近郊で世界に珍らしい食虫植物のムジナモ（Aldrovanda vesiculosa L.）を発見した際なので私は止むを得ずこれを駒場の農科大学へ持って行ってそこでそれを写生し、完全なその詳図が出来た。この図の中にある花などの部分はその後独逸の植物書にも転載せられたものである。

私は矢田部教授の無情な仕打ちに憤懣し、しかる上は矢田部を向うへ廻してこれに対抗し大いに我が著書を進捗さすべしと決意し、そこで始めて多数の新種植物へ学名を付け欧文の記載を添え続々とこれを書中に載せ、上の日本植物志図篇を続刊した。当時私の感じでは今仮りにこれを相撲に喩うればそれは丁度大関と褌担《ふんどしかつ》ぎの様なもの、すなわち矢田部は大関、私は褌担ぎでその取組みは甚だ面白く真に対抗し甲斐があるので大いにヤルべしという事になり、そこは私は土佐の生れ丈《だ》けあって、その鼻息がすこぶる荒らかった。一方では杉浦重剛先生または菊池大麓先生など、それは矢田部が怪からんと大いに孤立せる私に同情を寄せられ、殊にその頃発行になっていた亜細亜と言う雑誌へ杉浦先生の意を承けて大いに私のために書いて声援して下さった。

丁度その時である。イッソ私は、私をよく識《し》ってくれている日本植物研究者のマキシモヴィッチ氏の許に行かんと企て、これを露国の同氏に紹介した。同氏も大変喜んでくれたのであったが、その刹那《せつな》同氏は不幸にも流感で歿したので、私は遂にその行を果さなかったが、その時に「所感」と題して私の作った拙い詩があるからオ目に掛けます。

専攻斯学願樹功、微軀聊期報国忠、人間万事不如意、一身長在轗軻中、泰西頼見義侠人、
憐我衷情傾意待、故国難去幾踟躕、決然欲遠航西海、一夜風急雨黳黳、義人溘焉逝不還、
倏忽長隔幽明路、天外伝訃涙潸潸、生前不逢音容絶、胸中欝勃向誰説、天地茫茫知己無、
今対遺影感転切

明治廿四年十月遂に上の図篇が第十一集に達し、これを発行した時、私の郷里土佐国佐川町に残してあった我が家（酒造家）の始末をつけねばならぬ事が起ったので、仕方なく右の出版事業をそのまま擲って置て、匆々東京を出発する用意をし、間も無く再び東京へ出て来るから、今度出て来たが最後、大いに矢田部に対抗して奮闘すべく意気込んで国へ帰った。すなわちそれが右廿四年の秋も央ばを過ぎた紅葉の時節であった。

国に帰った後で、一の驚くべき一事件が大学に突発した。それは矢田部教授が突然大学を非職になった事である。同教授のこの非職は何も私とのイキサツの結果では無論なく、これは他に大きな原因があって、ツマリ同じ大学の有力者との勢力争いで遂に矢田部教授が負けたのである。それにはかの鹿鳴館時代、一ツ橋高等女学校に於けるかの行為も大分その遠因を成しているらしく思われる。

越えて明治廿五年になった。月も日も忘れたが、大学から一の書面が私の郷里に届き私の手に入った。披《ひら》いて見ると君を大学へ採用するから来いとの事が書いてあった。大抵の人ならこんな書面に接したら飛び立つ様に喜ぶであろうが、私はそう嬉しい様にも感じ無くアアそうかという位の気持ちであった。そこで早速返書を認めて、只今我が家を整理中だからそれが済んだら上京して御世話になりますと挨拶をしておいた。

翌明治廿六年一月になって私の長女が東京で病死したので急遽私は上京した。大学の方はどう成っているか知らんと聴いて見たら、地位がそのまま空けてあるからいつからでも這入れという事で、私は遂に民間から入って大学の人と成り、助手を拝命して植物学教室に勤務し、毎月月給を大枚十五円ずつ有難く頂戴したが、これは一面から言うと実は芸が身を助ける不仕合せでもあったのである。

実は私は大学へ勤める迄は、私の覚えていない程早く死んだ親から遺された財産があって、何の苦労も無くノンビリと一人で来たのである。が丁度大学へ入った時分にそれが全く尽きて仕舞った。それは大抵皆な我が学問に入れあげたからであったが、そこは鷹揚な坊チャン育ちの私には金の使い方が確かにマズク、今でもよく牧野は百円の金を五十円に使ったと笑われる事がある。

惟《おも》うて見れば誠に不思議なもので小学校も半分しかやらず、その後何処《どこ》の学校へも這入らず、何の学歴も持たぬ私がポッカリ民間から最高学府の大学助手に成り講師に成り後には遂に博士の学位迄も頂戴したとは実にウソの様なマコトで実に世は様々、何がどうなるか判ったもんでは無い。

ダガ、昨日まで暖飽な生活をして来た私が遽《にわ》かに毎月十五円とは、これには弱った。何分足りない、足りなきゃ借金が出来る。それから段々子供が生れだし、驚く勿《なか》れ後には遂に十三人に及んだ。そして割合に給料が上らない。サア事ダ、私の多事多難はここからスタートして、それからが波瀾重畳、具《つぶ》さに辛酸を嘗めた幾十年を大学で過ごした。その間また断えず主任教授の理不尽な圧迫が学閥なき私に加えられたので、今日その当時を回想すると面白かったとは冗戯半分言えない事も無いでは無いが、しかし誠に閉口した。がそれでも上に媚びて給料の一円も上げて貰いたいと女々しく勝手口から泣き込んで歎願に及んだ事は一度も無く、そんな事は苟《いや》しくも男子のする事では無いと一度も落胆はしなかった。そしてこんな勢の不利な場合は幾らあせっても仕方が無いからそんな時は黙ってウント勉強し潜勢力を養い、他日の風雲に備うる覚悟をするのが最も賢明であると信じ、私は何の不平も口にせずただ黙々として研究に没頭し、多くの論文を作って見たが、この研究こそ他日端なく私の学位論文となったものである。

紆余曲折あるこんな空気の中に長く居りながら、何の学閥も無き身を以て明治廿六年就職以来今日まで実に四十七年の歳月が流れたのである。こんな永い間あえて薄給を物ともせず厭な顔一つも見せずにいつもニコニコと平気で在職していた事は大学としても珍らしいことであろうし、また本人の年からいっても七十八歳とはこれもまた他に類の無い事であろう。そこで私の感ずる事は成るべく足許の明るい内にこの古巣を去りたい事で、去年からそれを希望し今年三月を限りとし「長く通した我儘気儘最早や年貢の納め時」の歌を唄いつつこの大学の名物男（これは他からの讃辞であって自分は何んとも思っていない）またはいわゆる植物の牧野サン（これも人がよくそう言っている）が、この思い出深い植物学教室にオ暇乞いをするのである。

大学を出て何処《どこ》へ行く？　モウよい年だから隠居する？　トボケタこと言うナイ、吾等ないマダ自分へ課せられた使命は果されていないでなお前途遼遠ダ。マダ自分へ課せられた使命は果されていないからこれから足腰の達者な間はこの闊い天然の研究場で馳駆し出来る丈《だ》け学問へ貢献するのダ。幸い若い時分から身体に何の故障も無くすこぶる健康に恵まれているので、その辺はあえて心配無用ダ。私の脈は柔かく血圧は低く、エヘン元気の電池であるアソコも衰えていなくそして酒を呑まず煙草も吸わぬからまず長命は請合いダと信じている。マア死ぬまで活動すのが私の勤めサ。「薬もて補ふことをつゆだにも吾れは思はずけふの健やか」これなら大丈夫でしょう。

言い漏したが前の日本植物志図篇の書はその後どうなっタ？　それは私の環境が変ったのでアレはまずその第十一集で打切り（十二集分の図は出来ていたけれど）後に当時の浜尾総長の意を体して大学で私が大日本植物志の大著に従事していたが、ある事情の下にそれは第四集で中止した。これは我邦植物書中の最も精緻を極めたものであるのでその中止は我が学界のためにこの上も無い損失であった。著者であった私としてはマー私の手腕の如何なるものであったかの証拠を示した記念碑を建てて貰ったのダト思えば多少自ら慰むる所がないでもない。

以上はすこぶるダラシの無い事を長々と書き連ねましたので筆を擱《お》いたあと私は恐れ縮こまっています。

ながく住みしかびの古屋をあとにして
気の清む野辺に吾れは呼吸せむ

珍説クソツバキ

矢田挿雲氏の著された書物に『江戸から東京へ』と題するものがある。その第一巻の第二九頁に、

「……、是では暑くて不可ませんと明治初年に津田仙が大久保内務卿に勧めて樗櫪の才と云つて支那では貶してゐる樗《あふち》一名臭椿《くそつばき》の樹を平河門附近の濠端に植えたら一本々々枯れて今は内務省裏に二三本残存してゐる。是が明治年間に於ける街路樹の魁である。云々」

と書いてあるのが見らるる。

右の文を見るとその事実は間違わない（しかし内務省裏は蓋《けだ》し大蔵省裏の間違ならん。私は同処にこの樹木の在った事を記憶しているが今日は既にその樹は無い）ようだが、しかしその樗とその一名なる臭椿とはその字面は正しいけれどそのフリガナはとても滑稽でそれがオドケ話ならば別に尤《とが》むべきものでもないが史実上の問題としてであって見れば実はこんな

間違ったフリガナをして貰うては大いにコマル訳である。

上の様に当時学農社（東京麻布本村町にあった）の津田仙氏が同氏主幹の『農業雑誌』で大いに提燈《ちょうちん》を持ったこの樗は当時は神樹《しんじゅ》と呼んでいた。この神樹の名は欧洲人が本樹を呼んでいる Tree of Heaven を義訳したものである。

この神樹は支那の原産なる雌雄異株の落葉喬木で Ailanthus glandulosa, Desf. の学名を有し「にがき」科に属するものだが、元来該樹の支那の本名は樗であって一名を臭椿（これは椿《ちん》の一名なる香椿に対せしめた名）と称する事は支那の書物によく書いてある。そこで樗を「ちょ」臭椿を「しゅうちん」とフリガナをしてくれたならば無難だったがそれをそうせず、殊更に樗を「おうち」、臭椿を「くそつばき」としたもんだから今ここに端なくも「珍説クソツバキ」の珍題を生ずるを余儀なくされた。かく著者が樗を「おうち」、臭椿を「くそつばき」とするに至っては仮令《たとい》そこにどんな拠《よりどころ》があったとしても、それは杜撰《ずさん》の甚だしいものである。

元来「おうち」とは今日云う「せんだん」の古名でその支那名すなわち漢名は楝《れん》である。故に樗へ「おうち」とフリガナをしては極めて悪いのみならずこの樗には固《もと》よりそんな和名はない。昔の書物の『下学集』などに仮令「おうち」を樗としてあってもそれは誤も甚だしいもので、何等《なんら》信ずるに足らぬのである。また臭椿を「くそつばき」とはよくもマーよい加減な事を言ったものかな。こんな名前を見るのは実に前代未聞の珍事のように感ずるがそれとも何か場末の本にでも出ていたのか。

彼の「センダンは双葉《ふたば》より香ばし」と唱うる「せんだん」はすなわち梅檀でそれは楝《れん》の「せんだん」ではない。右の梅檀は白檀《びゃくだん》すなわち檀香の事で印度などの熱帯地方に産し Santarum album, L. の学名を有する半寄生の常緑樹で「びゃくだん」科に属するものである。

我邦の学者は従来椁を「ごんずい」という「みつばうつぎ」科の落葉樹に充《あ》てていたがこれもその後誤りであることが判った。「ごんずい」は固より椁ではなくその漢名は野鴉椿である。

因みに言えば支那の椿と日本の「つばき」の椿とは仮令その字面は同じでもその実物は異っている。すなわち支那の椿は字音は「ちん」でその植物は今いう「ちゃんちん」である。この「ちゃんちん」の語は椿の一名なる香椿の唐音「ちゃんちん」の訛ったものである。日本の「つばき」の椿は日本製の字すなわち和字でそれは榊《さかき》、峠《とうげ》、裃《かみしも》、働《はたらく》などと同格である。すなわち「つばき」は春盛んに花が咲く木だから古人が木ヘンに春を書いて「つばき」と訓せたものである。それゆえ椿は「つばき」と訓むよりほかに字音は無い筈だが強てそれを字音で訓みたければ「しゅん」というより外には仕方があるまい。従来よりの学者は大抵この区別を弁《わきま》えず「ちゃんちん」の椿と「つばき」の椿とを混同視し「つばき」を椿と書いては悪いように論議しているのは皮相の見である。椿（ちゃんちん）は古くから日本に在る樹でそれに「たまつばき」なる名があるなどとはチャンチャラ可笑《おか》しく、それは畢竟《ひっきょう》「ちゃんちん」と「つばき」とを混同した結果での文学上の名で、これはかの『荘子』に出ている「大椿ナルモノアリ八千歳ヲ春トナシ八千歳ヲ秋トナス」の語へ我が「つばき」（椿）を取り合せ芽出度《めでた》い語として古人が作った称呼たるに過ぎない。またかの「やちよつばき」（八千代椿）の名称も右の八千歳の語へ「つばき」（椿）を接いで拵《こしら》えたものである。

「つばき」の支那名は山茶である。この山茶の字面へ花の字を加えて山茶花と作《な》し、それを従来「さざんか」（蓋し山茶花からの「さんさか」が音便によって「さざんか」に変じたものであろう）と訓んでその樹の名と成っているが、これは固より誤りであるから「さざんか」を山茶花と書かぬようにせねばならぬ。すなわちそう書くと山茶の「つばき」と間違い易い。もしも「さざんか」を漢名を用い支那の名で書きたければそれを茶梅とすればよい。兎角《とかく》こんな誤謬をいつまでも固執して目醒めぬものは、主として俳人である。俳人は歌ヨミよりは精しく草木を識ってはいるが、しかしその字面に対しては存外無学である。その証拠には彼等の俳句、彼等の歳時記などを見れば誰れでもそれはそうだと直ちに首肯《うなず》かざるを得ないであろう。

〔補〕　今から方《ま》さに六十二年前の明治十四年十二月に、東京大学の松村任三先生が「神樹果して日本に生ずるや」と題する一文を当時の『郵便報知新聞』に掲げて大いに気焔を揚げられた事があった。その文章は「余此頃東京日日新聞第三千三号及三千四号を閲するに在独逸国某氏の起草せられしものにして林学協会集誌に出るなりとて神樹及擬合歓説と題せる左の一篇を載せたり」云々に始まりてほとんど千言を費し神樹の日本産に非ざる所以を痛切に論ぜられた（その委曲は『牧野植物学全集』第六巻に出ている）。

二、三の春花品隲

春になったとは言えまだ冬と同じい西北からの寒い風が吹いて樹の枝を鳴らしている時、早くもそここに既に大量な花が咲いていると言ったら誰れでもそれは何んだろうと怪訝《けげん》な眼を瞠《みは》るであろう。そしてこんな寒いに今からそんな花の咲く筈は無いと一口に片付けて仕舞うであろうが、それはただ寒い寒いと言って家の中に閉じ籠っている人の言うことで中々自然はそんなもんではない。吾々が寒さを感じてカジカンデいる時でも植物には一向それが平気なものである。

昔後水尾帝の御代に始めて朝鮮から渡り来ったといわれる彼の蠟梅《ろうばい》でしたところが逸早く咲く花を着け一月には已に発《ひ》らき初める。中にはまだ十二月というのに早くも咲く様な株もある。古より梅は百花の魁だといわるれどこの蠟梅は梅よりもモット早く咲く。梅の字が附いているから梅の類だと思ったら大間違いで、名こそ蠟梅だが梅とは大分懸け離れた縁遠い花木である。

が、これは元来他国者であればそれはどうでもよいとして、我日本の者で蠟梅に負けず早く咲くという者にツバキもあればハンノキもある。

梅が早く咲くというので思い出したが一月に伊豆の熱海へ行くとこの時分に赤色をした桜が咲いている。前にはこの熱海にこんな桜は無かったが、多分今から凡《およ》そ三十年位かあるいはその前後に、誰れが持って来たか知らんがこの暖地の桜を熱海へ入れた。この地は暖かいのでそれが家の外でもよく育ち、遂に今では数本の木が同地で見られる様になった。

さてこの桜の名は何んというかと言うとそれは緋寒桜《ひかんざくら》と呼ぶもんだ。またあるいは寒緋《かんひ》桜《ざくら》ともいわれている。元来この桜は何処の産かと言うとこれは台湾の山に生じている者である。それがズットの昔に琉球へ渡り琉球から薩摩に来て九州南部では久しい間これを栽えていた。それ故同地にはかなり大きな樹が見られる。元来暖国の産であるからトテモ日本の北ではダメというので久しい間誰れもこれを関東地へは持って来なかった。ただ大阪辺の植木屋仲間ではこれを盆栽にしていたのでその仲間では少々知られていたから、あるいは少しは東京の植木屋でもその盆栽を持っていたかも知れないが、トテモ地栽えにする事などは思い寄ら無かった。

その木が偶然熱海へ来て見ると存外勢よく育つので、そこで同地では年々花が咲く様になった。

この桜はその学問上の名をプルヌス・カムパヌラータ（Prunus campanulata Maxim.）と称するがこの学名を附けた人は露国の植物学者のマキシモヴィッチ氏であった。ここに面白い事はその命名ならびに研究の材料が大阪の植木屋で得た者であった事ダ。その種名《スペシフィック・ネーム》のカムパヌラータは「鐘形ノ」という意味でそれはその桜の花弁が正開せず常に半開きでそれが恰《ちよう》ど鐘《つりがね》の形をしているからである。

この暖国産の桜が意外にも熱海でワケなくよく育ちよく開花するので、これを眺めた私は忽ち一の熱海繁栄策が胸に浮かんだので数年前これを発表しておいた。熱海人がこの私の説に賛成してくれ愈よそれを実行するとなれば、熱海はこの桜で一層その繁昌を増す事は請合いである。ソシテそれを実行するのに多額の費用を要するかと言うとそれは知れたもので、ツマリ苗木代と栽る手間賃と栽えた後の手入れ費とがその主なものである。しかし私の目論見ではその苗木は少くて千本、多くて五千本は入用である。

苗木の用意が整うたらこれを一と処に栽える事ダ。これを広い地域へそここと一本一本分散して点々と栽えたのではダメだ。それでは効果が充分に挙らない。

一つ熱海の適当な区域を撰んで一目千本といわるる吉野山の桜の様にこれを一と処へ栽え大きな桜林を作るが必要ダ。何れから眺めてもこの上にも無い佳い場処へ。

ソシテまずこれが適処に栽《うわ》ったと仮定する。そこで今度は、今一つ従来から単に寒桜《かんざくら》（学名はプルヌス・カンザクラすなわちPrunus Kanzakura Makino.）と呼ばれている桜がある。これは薄桃色すなわちいわゆる桜色の花が最《も》う二月頃に咲く。花色が一方の緋寒桜より淡《うす》いから人によってはこれを白寒桜《しろかんざくら》といっている。この樹はそう一方の者ほど寒を怖れないから熱海辺では最もよく育つ。現に同地では諸処にこれを見、かの熱海ホテルの庭には大分それが栽っていてその時期にはよくその花が咲いている。

この寒桜の苗をもまた少くて千本、多くてまず五千本を用意する。ソシテこれを前の緋寒桜の林へ接続させて林を造る。

段々年を経て右の両種の桜の木が生長し繁茂し熾《さか》んに花を着くる様になった後日を想像して見ると、どうでしょう、一方の林には赤色の桜が満開し、一方の林には白色の桜が競発して赤白の花が同時に綻《ほころ》びその盛観例えるに物が無いでしょう。しかのみならずそれが一月から二月へかけての事だ。普通の桜は仮令《たとい》早い彼岸桜であってで見てもマダ眠りから醒めやらぬ前だ。ア、それなのに熱海には早や赤白二色の桜が満開ダ。それを見逃してはなるものか、ソラ行けというワケで熱海行きの汽車はどれもどれも超満員ダ。こう来たらどうでしょう、同地宿屋の亭主の顔はそれでも顰《しか》んでいるでしょうか？　その他同地の迎客場処は孰《いず》れも景気の好い事請合いでしょう。

決して自惚や自慢で言うのではないが私はこれは実行容易、断行有利な熱海繁栄策の一名案ダと確信するがどんナもんでしょうかナ。この案は専売ではありませんから誰れでもゴ遠慮なくゴ実行されてしかるべう存じます。

熱海がやらねば伊東がやる。ヤア何処やらがやるとなるとこの名案は早くも熱海の専有でもなくなる、という様な恐れがないでもないナ。

何の縁もユカリも無いのに余りに熱海に同情し桜の事で力んで見たので、外の方がオ留守になりかけて来た。そこで方面転換が必要になった。

今頃東京の郊外へ出て見ると無論そここに常磐木の林もあるがまた水流の附近などには蕭条たる枯林が連続している。サテこの枯林は何んであろうかと近寄って見るとそれは昔ハリノキといったハンノキだ。見上げて看ると何んだか枝の先きにブラブラしたものが沢山に着いて下がっている。少時《しばらく》ジット眺めている内に、前に書いた寒い風が時々木の間《こま》を通して吹て来る。その刹那ダ。小枝が動き枝端に下っているものもユラグと何んだか烟の様なものがパッパと出る。オカシイ、何んだろうと注意して見るとそれはその枝から下っている花の穂から出て来る黄色い花粉なんだ。こんなに寒いのにハンノキは早や花か、それではハンノキをハヤノキと改名してもよいじゃないかとヤ、クダラン駄洒落を飛ばしたくなるが、トニカクこのハンノキは今が雌雄結婚の真っ最中でオスもメスもこの寒いのにめげずクライマックスである。ソシテその結婚の月下氷人《なこうど》は風ダ、それでこんなのを風媒植物と称える。無心に吹く風に対しては招牌《かんばん》は入らぬからこのハンノキの花にはかの虫媒植物が備えている様な色のある花弁は持合せていない。ゆえに植物学者以外の人々には有っても無きが如《ごと》き花である。

アノ枝から下に垂れた花穂からは前に述べた様に花粉を烟の様に吐き出すがそれは雄花である。更に雌花穂が上向きになって枝の先きに生じ、小《ちい》さいながらも沢山な雌花が鱗の様にそれに重なり着いている。雄穂は上からブラブラと下って花粉を吐きおろし雌穂は上向になってその花粉を受け留める工風は誠に自然に能く出来たもんダ。この様な自然の技工はいつもウマイ。サスガだネ。

このハンノキの花こそ実は百花の魁けと言うべきものではあれど、惜しい事には余りに地味であるので誰れも顧みる人もなくチヤホヤされずに淋しくその青春の期を過すのだが、しかしハンノキそれ自身はそれを何とも思わず一向に何の不平も無い。彼れは唯その生殖さえ遂げて安全に実と種子とを拵《こしら》えさえすればそれで満足で能事了り彼れの家庭は円満ダ。

ハンノキは普通これを薪とするために林に仕立てあるが、また一方ではその樹皮と実とが染料に成るので昔から知られていた。それはどんな色に染るかと言うと黄褐色に染まる。そこでそれが染料に成るという所から文学上で混雑を惹き起している。すなわちそれがこのハンノキとハギ（萩）との角逐である。かの『万葉集』の歌で学者を闘わしめている幾問題の中でこれもその一つである。

引馬野ににほふはり原入りみだれ
　衣にほはせ旅のしるしに

の歌のハリ原は一方の学者はハンノキ原だと言い一方の学者はハギ原だと主張する。両方の言い分を聴て見ると、ハンノキの皮も実も衣を染むるに用いたものだと一方の人は言いまたハギの花では衣を摺ったものだと一方の人は言う。考えて見ると何方《どちら》にも一理窟があって容易にその賛否を決しにくい。しかし両方ともに単にそんなもののある引馬野の原野を通過したのみでは問題にならない。何となればそれが例えハギの花であったとしても唯その花の中へ這ったばかりでは衣は染まらない。またハンノキの実だってやはりそこを通過した丈けでは同様衣が染まらない。これは是非ともそれを採って来た後の問題だから引馬野を通ってそれを土産に持って来てそれからの事ダ。それをオ土産とするとするとそれはハンノキの実でもハギの花でも何方《どちら》でもよい事になる。これはその歌の出来た当時であったら直ぐにも解ったろうが、今日になっては最早や水掛論に了るより外仕方が無いでしょう。それは何方でも意味が通ずるからである。がしかし今日と同じく昔に在ってもハギを決してハリといわなかったとの証明が出来れば、この引馬野の歌はハリノキすなわちハンノキの方へ団扇が揚がるであろう。

全体ハリとは昔からの古い名であろうがそれが果して何う言う意味か、あえて吾人をして首肯せしむるに足るべきものが無いので何んとなく物足りない。人によってはハリは刺でハリノキは刺ノ木だと言っていれど、このハリノキには刺と指すべき何物も無いから無論この語原は落第ダ。また人によりてはこの木は伐ると芽が吹いて茂り易いから芽が張るの意味でハリと呼ぶのだといえど、これもまた我が頭にピンと来ない。畢竟ハリは何か別の意味を有ったものと察するが、これは語原学者の徹底した解釈に待ちたい。

今もなおそうであるが昔からこのハリノキすなわちハンノキに名詞として榛の字を用いている。がこれは正しい事ではない。昔の人がよい加減の字を充て用いたもので、実言うとこの榛の字は字音シンでハシバミの漢名すなわち支那名である。榛は蓁々という形容詞の蓁の字に通ずるからハリノキ（ハンノキ）にこれを用いたものだと釈くのは牽強附会の窮説であると私は信ずる。また学者はよくこのハンノキに赤楊の漢名を用いるけれどもこれもまた誤りであると思っている。つまりハンノキには支那名が見附からないノダ。

かの地名の榛原《はいばら》だの榛沢《はんざわ》だのは、元とこの木の繁茂していた処に基いて名づけたものである。

ハンノキはこれ位にしておいて次は梅ダ。春の花と言えばまずどうしても梅が顔を出す。梅は誰れでもよく知っているのでその講釈は無用と心得るが、それでもチョット一言せぬと気が済まない。

梅は遠い昔に隣国の支那から来たものだが、今は広く我邦に拡まり何処へ行っても見らるるのであえてエキソチックな感じがしなく、全く我日本固有な樹の様に思われる。

その梅の実を人が食うからそのタネが方々へ散らばり、また自然に木からも落ちるのでそれが往々河畔や山際や原頭などに野生の状態となり、いわゆる野梅的の者と成っている事があるが、これは無論本来の野生では無い。今九州の豊後、日向のある山間には今日視ればどうしても野生といわねばならない梅があるそうなが、それでも私は梅は決して日本の者では無いと言う感じが深い。右の九州の者は早晩是非一度踏査して見ねばならぬと思っている。

ウメの語原については四つの説があって、何《いず》れにも一応の理窟があるので果してそのどれが正説であるかなおよく検討すべきである。まずその第一は烏梅説である。烏梅とは梅の実を乾かし燻べたもので昔それが薬品となって支那から我邦に渡ったが、ウメはこの烏梅のウバイすなわち支那音のウメイからだといわるる。第二は梅の支那音説である。すなわち梅の支那音はメイであるので、それを言う時そのメイの発音の上へ発頭音のウを加え尾音のイをサイレントしてそれでウメになったといわれる。第三は大形果実説ですなわちウは太い意、メは実すなわちミの転化で大なる実の意を表わしそれがウメの語原だといわるる。次の第四はウメのウは発頭語でメは朝鮮語だといわれている。この様にウメの語原が動いている所を以て観ると、なおウメの名の原意を更に研究して見る必要を痛感する。

梅が上古に我邦に渡った時は多分種類は一種か二種か極めて鮮なかった事が想像せらる

る。またその後支那から変った種類が来たとしてもそれは僅かなものであったであろう。もしもこの様に来たものだけであえて変化が無かったならばその品種は実に僅かなものであったであろうが、それが今日では我日本で四百種内外の品種数に達している所を以て観ればその多数の変り品すなわち園芸的品種は我邦で出来たものである。永い間培養せらると人工的にこんな変化が生じ天然に任かせおくとそう変化が無い所を見、ソコデ人為工作と天然工作とを比較して考えると何んとなく興味があって人間の自然に対する力もそうバカには出来ん事が看取せられる。今日大根や菜の品種にいろいろあるのは人間が天然を翻弄した御蔭であるともいえる。

梅の中で実の極大なる豊後ウメ、極小な小ウメ、一名信濃ウメ、一名甲州バイなど皆日本で出来た品々である。

観賞眼から梅の花に対してはその花色も花姿もまたその芳香も固《もと》より大切であるのに相違は無いが、またその樹態、枝勢ならびにその環境も大切であってこれが揃うて始めて一段とその価値が昂まる。中にも白梅は千樹万樹を一望するに宜しく、紅梅は近く一樹一樹を観るのがよいと思う。白梅の一抹が雪の如く一白に見えてソシテこの上も無く純潔に感ずるのは緑萼梅の林である。それは普通の梅の様に赤紫の萼色が雑らないので白は益々白く見える。世人がもしもこの如き花を賞せんとならば、天霽《あた》れし日、須らく湘南国府津西方の一駅、下曾我に下車し笻《つえ》を曳いて徐ろに圃間を逍遥すべきダ。必ずや低徊去る能わざる執着を感ずる無くんばあらずであろう。
枝椏縦横に交錯する梅花林の間を卜して小高台を仮設しこれに登り前後左右雪白の麗花、浮動する清香の間に月を帯びて仮寐するのはこの上も無く雅懐を養う事になるであろうと私は私かに羨望し、もしも我庭に幾株の梅樹の在るならばまず自らこれを試みたいと思うけれども、恨むらくは庭裏ただの一株もこれ無きを如何せん哉である。タトエ羅浮の夢は結ばんで見てもせめては多少の吟咏は得らるるであろう。梅花花下の肘枕、花神は必ずやその風流を憐れんでくれるであろう。

〔補〕 梅の実は花一輪に一顆を結ぶのがその常態であるが、偶には一花中に数子房があって花後に数子を生ずるのがある。これを八つ房梅と称える。かの越後七不思議の中の八つ梅はすなわちこれである。しかし熟する時までその八子の完全に残るものは寡《すく》なく、大抵はその前に落ち、残って熟するものは唯二三子のみである。最近播州で見付けた夫婦梅、一名双子梅はその実が二個聯合して熟するが、しかしその仁すなわち核は別々になっている。

そうシミ（紙魚、一名衣魚）を悪く言うナイ

何んでも書物を蠹害《とがい》するという事をシミが一手に引受けているのは可愛想だと私は聊《いささ》かシミに同情している。ただもうシミ一つを目の敵のように言うのはチト非道《ひど》過ぎはしないかと思う。書物の害虫と言えばいつでもシミ独りが登場して、やあシミの巣だとかシミの何んだとか言って時には紙魚繁昌記などと書物の題簽《だいせん》までを賑わす名とも成り、名誉と言えば名誉だともいえない事はないでもないが、そう悪口ばかり浴せ掛けられては堪ったもんではない。

しかしシミもちっとも善くはない。書物の表紙やら小口などを穢くしたりするから困り者の一つではあるが、それよりはもっと書物を害するヤツがいるに関らず誰れもが一向その名さえ言わぬのは片手落ちというもんだ。そいつに比べるとまあシミは舐める程度で罪が軽いヤ。

アノ書物へ矢鱈《やたら》に孔を明けて喰い通して行くヤツは決してシミではない。これは甲虫の一種でその成虫は長サ三粍有るか無いか位な栗色をした小さいヤツである。何んという名前の虫か私は知らんからその内にその実物を昆虫学者に観て貰らおうと思って数匹つかまえてアルコールに漬けてある。この成虫は書物の中で孵《かえ》って外へ飛び出で雌す雄すイイ事

をした後ちは復た書物の中へ卵を産み付けにその雌すがやって来る。雄すは何処っかでノタレ死だろう。

その仔虫は彼のいわゆる鉄砲虫（カミキリムシの仔虫）を極々小くしたような形ちで黄白色を呈し、長さは四粍位もあり体が彎って頭の方が少々太くその端に在る口がチビの癖にトテモ強力で口から粘液を出しては書物を縦横に喰い穿ちお構いなしにそこここを孔だらけにする。そんな書物を知らずに開けて見るとバリバリと音がして幾つもの仔虫が転り出て来てそれを見ていると体を緩やかに蠢動《しゅんどう》させて居り、憎いヤツだとそれを潰すとクリーム様の汁が出る。コイツが一番書物を害する。コンナ悪いヤツはない。実に蔵書家の大敵でこの微虫のためにどれ程貴重な資料が失われるか料り知るべからずと言うものだ。体は小いがその害は中々大きい。単に書物ばかりでない。筆の軸へも喰い入ればまた竹の筆立てなども喰い荒し沢山な黄粉（糞）を製造し孔を明ける。

これがまた植物の標品に着けばそれに喰い入り、知らん間に大いに悪るサをして居る。標品を害する虫はなお他に普通三つほどの仲間がいる。その二つは蛾の幼虫、その一つは茶立て虫式の一種である。その外に時々小い虫のアトビサリ〔悪颯〕がいるがこれは余り害はない。アノ長い手の端に螯《はさみ》を持ってそれを打ち振りつつ歩いている様は中々愛嬌がある。これが彼の有名な毒虫のサソリ〔蠍〕の縁者だと思うと何んとなく興味を覚える。

書物を蠹蝕する害虫は上に述べた甲虫の仔虫すなわち幼虫が筆頭で大関である。それに比べるとシミは関脇とまで行かず小結ぐらいのところである。上に述べたように今日シミがこれ程の知己を得たのは何百万年か知らんが、彼れのこの地球上へ出て来た以来始めての事であろう。シミやよろこべ、シミやよろこべ。

シミの名は湿メ虫の略されたものだといわれる。それに湿りを帯びた場処に在る書物、古紙あるいは衣類などの中に棲んでいるからこんな名があるのであろう。

〔補〕本文に述べた古本を蝕害する栗殻色の小甲虫は、その和名をフルホンシバンムシと謂うのだが、私は解り易く単にこれをフルホンムシと呼んでいる。そしてその学名は昆虫学者加藤正世氏の報ずる所によれば Gastrallus immarginatus Mueller でそれは死番虫科（Anobiidae）に属するものである、この死番と云うのは昆虫学者が Death-Watch を直訳したもので、これはこれら数種の昆虫の俗名でもある。右フルホンムシは一昨年私がその標品を加藤氏に送る迄は一向に昆虫学者の注意を惹かないものであった。

今の学者は大抵胚珠の訳語の適用を誤っている

上は大学から下は小学校に至るまで今日の人々は千人が九百九十七八人まではかの普通

に使用せられている胚珠の語の認識が不足している。私の知っている学者の中では柴田桂太博士と中井猛之進博士とはこれを正しく用いていられるのを見たが、その他の学者は博士であろうが学士であろうが皆これを誤用していて、自分へ着いている糞の臭みを一向に知らない。文部省中等植物教科書の検定委員も同様その非を鳴らした事を一度も聞いたことがない。

胚珠 Ovule の訳語で無い事は始めからそうである。明治の初め頃にそれを当時の博物局員が間違えて書いた以来その後の人々は皆誤謬を承け襲いでいて、その非なる事を一向に知らない。また中にはそれはそうじゃないと聞いても早速これを改善する勇気の持合せがない。学者の良心はそんなもんではない筈だのに。

しかれば胚珠は何んであるかと言うとそれは疑もなく Ovule の中の Nucellus の訳名で今日の人が珠心といっているものである。一番始めにこれらの訳語を作った人（それは支那人であった）は Ovule を卵としている。これらの事実について確かな由来の真相を捉まんとする人は咸豊七年（昭和十二年から八十年前）に支那で開版になったウィリアムソン氏口授の〝植物学〟（漢訳の植物学書）を繙《ひもと》くを要する。

たとえそれが誤りにした所で今日そう用うる事が長い間の習慣に成っているから、今更ら改めると不便だとツブヤク俗論的な人が無いでもない。イヤ大抵の人はそう言うだろうが、如何にそれが習慣に成っていたとしても間違いは間違いに相違ないからその間違いを矯め直すのが学者の責任と言うもんだ。もしも学者が一致してこれを改めようと思うなら朝飯前に出来る仕事だ。すなわちこれから先きざきと出版する銘々の著書へそう書けば数年の内には皆改まって仕舞う。殊に現代で権威ある人々がそう実行すれば何の造作もなくそれが片付く。マー第一には中等植物教科書を書く人々が筆を揃えてそうすれば一番効果が挙がる。私は積年の間違を清算する事の出来ない学者はアワレであると熟ら痛感する。

そこでもしも Nucellus を胚珠とするときはそれなら Ovule を何とするかという問題にブッツカル。私の考えではそれはやはり固《もとも》とそれが訳されてあったように卵の字を襲用してこれを卵子と書けばよいと思い、私は早くからこれを実行している。それゆえ私の書いた書物には皆そう成っている。もしも仮りに私が中等植物教科書を書くとすれば私は断然 Ovule に卵子、Nucellus に胚珠を用いる。もしもその時文部省の検定者がグズグズ言うなら文部大臣を相手取ってもよいから一議論して見るつもりだ（エライ剣幕だナー）。人によっては卵子は既に Oospore の訳語と成っているから重複して困ると反対することがあるが、これは後ちに出来たその訳語を改訂すればよい。そしてそれを卵胞子とすれば卵子というよりもモット適切な訳語と成る。池野成一郎博士の書物ではこれが卵芽胞と成っているが芽胞は spore の訳語だから卵胞子はそれと一致する。

何んと言ってもこんな明瞭な誤謬を堂々たる学者がいつまでも固執しているのは恥である。アーそれだのにそれだのにダ。

〔補〕　胚珠の問題は本書の前の頁に出ている「植物学訳語の二、三」の条下にも論じてあって重複しているが、吾れはかく口を酸くしてその非を鳴らしても一般の学者には先入主となって病膏肓に入り為めに勇敢にこれを改むる事を知らない。元来学者というものは物識りと相場が極って居り社会の木鐸とならねばならぬものだが、しかし少くもこの胚珠の点では無学であると言われても弁解の言葉は無いであろう。

桜をサクラと訓ますは非である

昔から世間一般に桜をサクラとして用いている事は誰でもよく知っているが、実言うと桜は我邦のサクラでは無いのである。そして我邦のサクラは全く日本の特産と言ってもよい位だから、固《もと》より漢名というものを持合せていない。しかし支那の湖北省にヤマザクラがあると報ぜられているから向うでは何んとかいう漢名があるかも知れぬが、それは今不明である。

しかれば桜は何んであるかと言うと支那の桜桃の事である。これは桜の一字が一番元とでそれへ桃を加え桜桃としたものらしい。そしてその異名に鶯桃、含桃、荊桃がある。これへかく桃の字を加えたのは、この桜は固より桃の類では無いけれどその形ちが桃に似ているからだといわれている。またこれを桜というのはその果実が瓔珞《ようらく》の珠に似ているからだとの事である。

昔我が邦でこの桜桃をサクラだと思った事があったので、それでその略字の桜がサクラと成って今日に及んでいる。

もしも上の桜桃が我がサクラと同種の者であったなら、その間何んの問題も起らなく桜はサクラで済し込んでいてもあえて不都合な事は無かったが、不幸にも桜桃は全く我が邦のサクラとは別種の者であったのである。

桜桃は支那では特産の一つで主としてその果実を貴ぶ一の果樹である。ゆえに支那の書物にもこれを果樹の中へ入れている。その生本は日本へも来ていて諸処で見られるが、果実が余り沢山生らないので今日は大して世人に愛せられていなく、ただ前に来たものの残っているのを植えてある位の程度である。早春に葉に先だちてヒガンザクラ様の淡紅花が枝上に群着して開き多少は美麗である。花が了ると帯褐色の新葉が出で重鋸歯ある倒卵形の闊い緑葉と成る。実は葉間に隠見して赤熟し固より食用と成る。直径は凡そ一・五糎許《ばか》りもあろう。

今日市場に売っているサクランボウを一般にオウトウ（桜桃）と呼んでいるのは最も悪るい。これは決して桜桃ではなく元来が欧洲種の果樹である。

吾等は真正なる支那の桜桃を支那ミザクラ、欧洲産の者（Sweet Cherry と呼ばれる）を西洋ミザクラと呼んでいる。両方とも実ザクラで元来が花を賞するのが目的の樹ではない。サクラの語原についてはどうも吾人をして首肯せしめる程の判然したものが無いのが残念であるが、これは多分極めて旧く神代から続いた名でその時代にはその意味が判っていたのであろうが今日ではどうもその辺が曖昧に成っているのではないかと私は想像する。サクラはサキウラ（咲キ麗）の転じたものとかあるいはコノハナサクヤヒメ（木花開耶姫）のサクヤの転じたものとか言っていれど、何んとなく頭にピンと響かない。

先日東京の山下清一君から次の様な事の示教に預った。それは神代での瓊々《にに》杵尊《ぎのみこと》の大和地方での御歌に、「これのハバカや、薄赤《ウスホ》に白き、万家《ヨロズヤ》の上《エ》に花咲くは、幸《サキク》に咲くらむ、寿《ホキ》くにさくらむ、美《ウツ》し花かも、なりに、」というのがあってこの歌の中の咲くらむのさくらがその語原であろうとの事である。さてこの歌はサクラを眺めて咏じ給いしものではあろうがそうするとその歌の始めにあるハバカがサクラの事に成らねばならぬ理窟だ。しかしこのハバカは一名カニハザクラと云って今日いうウワミズザクラの古名と成っているのでここに喰い違いが起るがこれをどう取捌いたがよいものかチョット困りもんである。

〔補〕最も古く僧昌住の『新撰字鏡』には桜がサクラとなっている。深江輔仁の『本草和名』では桜桃がハハカ一名カニハサクラとなっているが、どうもここではウワミズザクラではなく、サクラを指したものではないかと思う。このハハカについては古人もいろいろと論じているが、しかし尚新しく研究の余地があると私は考える。

日本植物の誇り秋田ブキ

昭和十一年から二百廿三年前に出た寺島良安の『和漢三才図会』に「奥州津軽ノ産ハ肥大ニシテ、茎ノ周リ四五寸、葉ノ径リ三四尺、以テ傘ニ代テ暴雨ヲ防グ、南方ノ人之ヲ聞テ信ゼズ」とあるのが、恐らく秋田ブキの始めての記事ではないかと思う。

降って小野蘭山の『本草綱目啓蒙』には「奥州南部津軽、羽州秋田ニハ、至テ大ナルモノアリ、茎ノワタリ七寸、孔中ニ乾青魚二ツヲ入ルベク、葉ハ馬上ノ傘ニ用ベシト云、コレヲ南部ニテ十和田ブキト云、此根ヲ取ヨセ栽ルニ、初メハ大ナレドモ、年々変ジテ小クナルナリ」と出で、また曾槃の『成形図説』には「南部津軽松前及《マタ》は、蝦夷等に産《イデク》るはその花、鍾の大さに過ぎ、茎の周四五寸、葉の径三尺許りもて、傘に代て急雨を防ぐといふ。南部にては其茎を塩糠に和《マゼツ》けて遠きに寄《オク》るあり」と述べ、また岩崎灌園の『本草図譜』には「秋田ぶき、此種羽州より出づ、茎根に近き処淡紅色、茎に糸あり苦味なし」「ゐぞぶき、此種蝦夷より来る葉甚だ大にして、茎葉白毛あり、旅人急雨の時採つて傘に代て雨を凌ぐ、大さ径《わた》り六七尺、茎甚だ肥大、柱の如く稜あり高さ七八尺味淡し下品」なりとある。

これらの書物の記事によって観れば、秋田ブキの状態がほぼ想像がつく。そしてトワダブキともエゾブキともいってよい訳だが、今は通じて一般に秋田ブキと呼んでいる。

この秋田ブキは我邦東北の奥羽地方から北海道にかけて生ずるものであるが、なおそれが北して樺太にも産する。このフキは南から北へ行く程その草が大きくなって居る。それゆえ樺太のものが最も雄大で、本品の産地は樺太が中心であるといっても決して過言ではあるまい。

秋田県の山野自生のフキは、皆秋田ブキの種で我等が普通にフキと呼んで食用にしているものは私の視た範囲では同県には野生していなく、唯処により圃に少々作ってあるに過ぎないようである。

秋田県を歩く人は山地にて普通のフキに出会うであろうが、それは仮令《たとい》その葉状が普通のフキの大さになっていても、皆秋田ブキその者である。ゆえに秋田ブキは必ずしも大形のものばかりとは限らない事を吾々はよく認識していなければならない。

同県では昔はどうであったか知らないが、今日では彼の大形のいわゆる秋田ブキには山地に入ってもそう容易に出会わず、ただ在るものは小形ならびに中形位のものでその大形のものは余程運が好くなければ見る事が六《ムツ》ケ《カ》しい。秋田市などで売っている絵ハガキには、大形の秋田ブキが出ているが、あれは肥料をやって作ったもので同市の公園には名物だというのでそうしてある。ゆえに芸者を景物に添えて撮影するには訳はない。私は始めてこの絵ハガキを見たとき、芸者を遠い山奥へ連れ込んで撮影したのかと感心していたら、ナンダ、町近くの圃のものだった。そんなら芸者でもあの柔かい足に鼻緒ずれも出来ず、大事の大事の着物も汚さずまた時々頓狂な声も出さずに済む訳だ。

秋田市ではその太い葉柄を砂糖漬の菓子として売っている。また、「フキ摺り」と呼んで、その大なる葉面を布地或は絹地に刷っている。この二つは秋田ブキを原料に使った同地の名物である。

この秋田ブキが北海道へ行くと段々と大きくなっている。そして何《いず》れの山地でもこれが見られる。『東夷物産志稿』という書物に「コルクニ、又コロクニ、コリコニナド卜云、夏秋ノ間、過半ノ食料トス、水煮或ハアブリテ皮を剝食フ、山中ニ生ジテ最肥大ナルハ茎太サ八九寸、高サ八九尺、葉ノ大サ四五尺ナルアリ、夷中マダ簑笠ノ製アラズ、夷人是ヲ被テ雨ヲシノグ、又茎ヲ連ネ取テ傘ニ用ウ」とあるが、右のコルクニなどはアイヌ土人の称する土語である。これらの土言を見ると、人類学者坪井正五郎博士在世の時のコロボックル人種問題を思い出す。

北海道を越えて樺太に入ると、この秋田ブキが最も巨大に生長し、そこここにその天性の偉容雄姿を発揮している。すなわちこのフキは北する程大きくなり、南する程小くなっている。暖かいより寒いを好く草であるといえる。この種の版図の南端秋田県では、その小形となっているものは、普通のフキとその大さが同じである。かくの如《ごと》き場合、学者でも不用心の者はこの小形のものを見てそれを普通のフキと見誤るものがないではなかろう。

一体秋田ブキにはその本然の特徴があって、仮令その形状は小形となっていても慧眼なる人なればこれを普通のフキと見別ける事はあえて難事ではない。しかし私の信ずる所では、秋田ブキは普通のフキの一変種である。秋田ブキたるの特徴はあるとしても、その葉形花容はその間ただ大小の差こそあれ、その形状は全く同一である。

始め露国の植物学者シュミット氏がそれを研究して首《はじ》めて Petasites giganteus, Fr. Schmidt なる学名を公にした。昭和十一年から五十三年前である。私はこれをフキの変種と考えたので、その学名の Petasites japonicus, Miq. var. giganteus を採用した。これは同じく三十九年前に英国の園芸雑誌ガーデナース・クロニクルに載っていた名である。

秋田ブキは普通のフキと同様宿根草である。その繁殖は無論タネにもよるであろうけれども、主としてその地中に親株から派生する地下枝によるものである。ゆえに一たびこれが一株を栽えおくと、数年後には忽ち一叢をなし、年を歴る毎に段々拡がり行く事あえて普通のフキと異る所がない。

春時、葉に先だって株から花穂が萌出する。いわゆるフキの薹《とう》である。中央に一本の茎があってその周囲に淡緑色の多数の大形鱗片を着ける。茎頂に沢山な白色頭状花が聚り着き、その各頭状花は多数の小花より成っている。その花には雄性と雌性とがあって、株を異にしている。いわゆる雌雄別株である。

右のフキの薹は普通のフキのものと同形で、ただその形が太い差がある。彼の正月の盆栽に植木屋が「八頭」と称して売っているものは、この秋田ブキを縮めて作ったものである。試みにこれを栽えておくと秋田ブキが萌出する。

薹が成長して花が済むとその雄性のものは凋衰して枯れるが、これに反して雌性のものはその後、茎が高く伸び白い冠毛のある実を結び、風に従いて遠近の地に飛散しそこに仔苗が生ずる。

秋田ブキは普通のフキのようにその葉柄が食用になるが、しかし余りウマクないので、従って世人はこれを歓迎しない。故にこの大形のフキもその自生地を除いては、そう諸方には作ってはなく偶にこれを見るのみである。

まず秋田ブキの話はこれ位にしておくが、兎《と》に角《かく》数尺の広さある大葉面を展開し、数尺の高さ数寸の径ある長葉柄を挺立さすとは、他に比類のない壮観で、その偉容は優に他の百草を睥睨するに足り一面また我が日本植物の誇りでもある。

序に述べおきたい事は、昔からフキに款冬だの蕗だのの漢名が使われているが、これらは共に誤でフキには別に漢名はない。

亡き妻を想う

私が今は亡き妻の寿衛子と結婚したのは、明治二十三年ごろ——私がまだ二十七、八歳の青年のころでした。寿衛子の父は彦根藩主井伊家の臣で小沢一政といい陸軍の営繕部に勤務していた。東京飯田町の皇典講究所に後ちになった処がその邸宅で表は飯田町通り裏はお壕の土堤でその広い間をブッ通して占めていた。母は京都出身の者で寿衛子はその末の娘であった。寿衛子の娘のころは有福であったため踊りを習ったり、唄のお稽古をしたり、非常に派手な生活をしていたが、父が亡くなった後、その邸宅も売りその財産も失くしたので、その未亡人は数人の子供を引き連れて活計の為め飯田町で小さな菓子屋を営んでいたのです。青年のころ私は本郷の大学へ行くときその店の前を始終通りながらその娘を見染め、そこで人を介して遂に嫁に貰ったわけです。仲人は石版印刷屋の親爺——というと可笑《おか》しく聞えるけれど、私は当時大学で研究してはいたが何も大学へ就職しようとは思っていず、一年か二年この東京の大学で勉強したらすぐ復《ま》た土佐へ帰って独力で植物の研究に従事しようと思って居り、自分で植物図譜を作る必要上この印刷屋で石版刷の稽古をしていた時だったので、これ幸いと早速そこの主人に仲人をたのんだのです。まあ恋女房という格ですネ。

当時私は麹町三番町にあった同郷出身の若藤宗則という人の家の二階を間借していたのだが、こうして恋女房を得たのだから早速そこを引き揚げて根岸の御院殿跡にあった村岡という人の離れ屋を借り、ここで夫婦差し向いの愛の巣を営んだ。そうして私にはまだ多少の財産が残っていたので始終大学へ行って植物の研究をしていたが、翌二十四年ごろからはその若干の私の財産も残り少なになってしまったのです。そこで二十四年から二十五年にかけて家政整理のために一たん帰郷したが、私が土佐へ帰っている間に、当時の東大植物学教授の矢田部良吉博士が突然非職になり、間もなく大学から私のもとへ手紙が来て君を大学へ入れるから来いと言って来たのです。しかし私は只今家政整理中ゆえ、それが終り次第上京するからと返事しておいたが、翌二十六年一月に長女の園子が東京で病死したので急遽上京し、そのついでに大学に聴き合せたところ君の位置はそのままあけてあるからいつでも入れというので、私ははじめて大学の助手を拝命、月給十五円の俸給生活者になった訳です。

ところで私の宅ではそれからほとんど毎年のように次ぎ次ぎと子どもが生れる。月給は十五円でとてもやりきれぬし、そうむやみに他人が金を貸してくれる訳もなく、ついやむなく高利貸から借金をしたが、これが僅か二、三年の間に忽ち二千円を突破してしまったのです。そこで同郷の土方寧博士や田中光顕伯が大変心配して下さって借金整理に当ることになり、田中伯の斡旋で三菱の岩崎が乗り出してくれて兎《と》も角《かく》二千円の借金を奇麗に払って下さったのです。それから土方博士が当時の浜尾東大総長に私を紹介してくれ、そこで浜尾総長が非常に心配して下され、総長の好意で私が〝大日本植物志〟の編纂に従事することになった。つまりただの助手では俸給が決まっていて仲々上るものではないが、こういう特別の仕事をすれば私の収入もふやすことが出来よう、という浜尾総長の御厚意からであったが、この私の大事業に対して当時の植物学の主任教授松村博士がどういう訳かいろいろな妨害をされた。後ち故あって折角の〝大日本植物志〟も第四集のまま中止することとなったのです。従ってまた私の収入はビタ一文もふえなくなってしまったので、そこで私は生活上止むを得ず、私の苦心して採集した標本の一部を学校へ売ってみたり、書物を書いたりして生活上の赤字はどうしても私の腕で補ってゆかねばならなかったのです。ところが子沢山結局しまいには十三人もの子どもが出来てしまったので私の家の生活が、月給十五円から廿五円（十三人目の子供が出来た時の俸給が廿円から廿五円でした）ぐらいの俸給と、私の痩腕による副収入とではとてもやってゆけるものではなく、また忽ち各方面の借金また借金がふえてその後長いこと私は苦しまねばならなかったのです。

その時丁度天の使のように私の眼の前に現れて来て下さったのが、当時某新聞社の記者をしていた農学士の渡辺忠吾君――一時京都の農学校の校長をしていて今は確か帝国農会の理事か何かしているはずです――でした。この渡辺君が非常に私に同情してくれて〝こんな窮状にあることは思い切って世の中へ発表した方がいいでしょう。きっと何かお役にたつこともあるかも知れないから〃と極力すすめ、かつは私を激励してくれたので、私もとうとうこの時はじめてわが生活の内容を世間に発表してしまったのです。すると早速私を救済しよう、という人が二人出て来ました。一人は久原房之助氏、他の一人はまだ京大の学生であって、後の実業家池長孟氏であった。そこで渡辺君の勤め先の新聞社の斡旋で結局池長さんが私の負債を払ってくれることになり、これを綺麗に清算してくれた上で神戸に池長植物研究所をつくられたのです。それのみならず当時池長さんは月々若干の生活の補助を私にして下さったのであり、私にとって終生忘れることの出来ない恩人になっています。畢竟《ひっきょう》右の池長植物研究所の名も実は牧野植物研究所とすべきであったが、私は池長氏に感謝の実意を捧ぐるためにその研究所に池長の姓を冠したのでした。

さて私はここで話を最初にもどして、死んだ家内の話を申し上げて見たい。何故ならば私が終生植物の研究に身を委ねることの出来たのは何といっても、亡妻寿衛子のお蔭が多分にあり、彼女のこの大きな激励と内助がなかったら、私は困難な生活の上で行き詰って仕舞ったか、あるいは止むを得ず商売換えでもしていたかも知れませんが、今日思い返して見てもよくもあんな貧乏生活の中で専ら植物にのみ熱中して研究が出来たものだと、われながら不思議になることがあります。それほど妻は私に尽してくれたのです。債権者が来てもきっと妻が何とか口実をつけて追っ払ってくれたのでした。いつだったか寿衛子が何人目かのお産をしてまだ三日目なのにもう起きて遠い路を歩るき債権者に断りに行ってくれたことなどは、その後何度思い出しても私はその度に感謝の念で胸がいっぱいになり、涙さえ出て来て困ることがあります、実際そんな時でさえ私は奥の部屋でただ好きな植物の標本いじりをやっていることの出来たのは全く妻の賜であったのです。

寿衛子は平常、私のことを〝まるで道楽息子を一人抱えているようだ〟とよく冗談にいっていましたが、それはほんとうに内心そう思っていたのでしょう。何しろ私は上述のような次第でいくら借金が殖えて来ても、植物の研究にばかり毎日夢中になっていて、家計の方面ではいつも不如意勝ちで、長年の間妻に一枚の好い着物をつくってやるでなく、芝居のような女の好く娯楽は勿論《もちろん》何一つ与えてやったこともないくらいであったのですが、この間妻はいやな顔一つせず、一言も不平をいわず、自分は古いつぎだらけの着物を着ながら、逆に私たちの面倒を、陰になり日向になって見ていてくれ、貞淑に私に仕えていたのです。

大正の半ばすぎでした。上述のような次第でいろいろ経済上の難局にばかり直面し、幸いその都度、世の中の義侠心に富んだ方々が助けに現れてようやく通りぬけては来たものの、結局私たちは多人数の家族をかかえて生活してゆくには何とかして金を得なければならないと私は決心しました。それも煙草屋とか駄菓子屋のようなものではとても一同がやってゆけそうにないが、一度は本郷の龍岡町へ菓子屋の店を出したこともあった。そこで妻の英断でやり出したのが意外な待合なのです。これは私たちとしては随分思い切ったことであり、私が世間へ公表するのもこれが初めてですが、妻ははじめたった三円の資金しかなかったに拘《かか》わらずこれでもって渋谷の荒木山に小さな一軒の家を借り、実家の別姓をとって〝いまむら〟という待合を初めたのです。私たちとは固《もと》より別居ですが、これがうまく流行って土地で二流ぐらいまでのところまで行き、これでしばらく生活の方もややホッとして来たのですが、やはり素人のこととてこれも長くは続かず、終りにはとうとう悪いお客がついたため貸倒れになって遂に店を閉じてしまいましたが、このころ、私たちの周囲のものは無論次第にこれを嗅ぎ知ったので〝大学の先生のくせに待合をやるとは怪しからん〟などと私はさんざん大学方面で悪口をいわれたものでした。しかし私たちには全く疚《やま》しい気持はなかった。金に困ったことのない人たちは直ぐにもそんなことをいって他人の行動にケチをつけたがるが、私たちは何としてでも金を得て行かなければ生活がやってゆけなく全く生命《いのち》の問題であったのです。しかもこの場合は妻が独力で私たちの生活のために待合を営業したのであって、私たち家族とはむろん別居しているのであり、大学その他へこの点で、何等迷惑をかけたことは毫《ごう》もなかったといってよいのです。それゆえに時の五島学長もその辺よく了解しかつ同情して居て下されたのです。

こうしてとに角一時待合までやって漸く凌いで来たのち、妻は私に目下私たちの住んでいるこの東大泉の家をつくる計画を立ててくれたのです。妻の意見では都会などでは火事が多いから、折角私の苦心の採集になる植物の標本などもいつ一片の灰となってしまうか判らない。どうしても絶対に火事の危険性のない処というのでこの東大泉の田舎の雑木林のまん中に小さな一軒家を建ててわれわれの永遠の棲家としたのです。そうしてゆくゆくの将来は、きっとこの家の標本館を中心に東大泉に一の植物園を拵《こしら》えて見せよう、というのが妻の理想で私も大いに張り切り、いよいよ植物の採集にも熱中したのですが、これもとうとう妻の果敢ない夢となってしまいました。この家が出来て喜ぶ間もなく、すなわち昭和三年に妻はとうとう病気で大学の青山外科で歿くなってしまったからです。享年五十五でした。妻の墓はいま下谷谷中の天王寺墓地にあり、その墓碑の表面には私の咏んだ句が二つ亡妻への長しなえの感謝として深く深く刻んであります。

家守りし妻の恵みやわが学び
世の中のあらん限りやスヱコ笹

この〝スヱコ笹〟は当時竹の研究に凝っており、ちょうど仙台で笹の新種を発見してそれを持って帰って来ていた際なので、早速亡妻寿衛子の名をこの笹に命名して永の記念としたのでした。この笹はいまだに我が東大泉の家の庭にありますが何《いず》れ天王寺の墓碑の傍に移植しようと思っています。

終りに臨んで私は私の約半世紀も勤め上げた大学側からは、終始いろいろの堪えられぬような学問的圧迫でいじめられ通しでやって来ました。しかし今日私の心境はむしろ淡々としていてこんなつまらぬことは問題にしていません。由来学者とはいうものの、案に相違した偏狭なそして嫉妬深い人物が現実には往々にしてあることは、遺憾ながらやむを得ません。しかし私は大学ではうんと圧迫された代りに、非常に幸運なことには世の中の既知、未知の方々から却って非常なる同情を寄せられたことです。

私は幸い七十八歳の今日でも健康にはすこぶる恵まれていますから、これからの余生をただひたすら我が植物学の研究に委ねて、少しでもわが植物学界のために貢献出来れば、と念じているばかりです。

科学の郷土を築く

学問の環境に育つ

私の二十歳と言えば、明治十四年のときで、私がはじめて、東京の空気に触れて、故郷にかえっていた頃でした。

私の郷里は、高知県高岡郡佐川町ですが、そこは、藩主山内侯の特別待遇をうけていた国老深尾家が治めていた処で、士族の多い市街だったのです。

街には「名教館」という学校があって孔孟の教が教えられ、算数の学が講ぜられなどして、学問も随分盛でした。当時高知についでの学問地だったのです。

でもその時代は士族とか町人とかの区別が厳しく残っていて、学問は主に士族の間にのみ盛でした。そして、田中光顕伯、土方寧博士、広井勇博士などの名士を送り出しました。私は酒屋の子供だったのですが、こうした学問の環境中に育って来たのです。そして、時勢は次第に学問の必要を理解するようになった。学問を士族の特権と考えるような時代は過ぎ去りました。

郷土へ新しき知識を

私は二十代の頃世の中の進歩開化のためには、どうしても科学を盛んにしなければならぬと痛感して、私が先に立って郷里に「理学会」をつくり、郷土の学生を集めて講演をしたり、蒐集した書籍を提供したりして郷土民の啓蒙に努力しました。こうしたいろいろの方面に関係して行くうち雑誌創刊の必要に迫られて「格致雑誌」をつくりました。勿論その時分は郷里に印刷機もありません。自分で書いて、それを冊子とし同輩の人々に回覧せしめたものでした。その時井上哲次郎博士に序文を頂こうと思って当時東京にいた土方寧氏を煩わしましたが、何かの都合で有賀長雄先生から「格致の弁」という名文を貰ってよろこんだことなどを覚えています。こうしたことも結局郷土人に科学の知識を涵養しようとする私の努力だったのです。

その頃郷土の学校に唱歌という課目があったが、師範学校に一台のオルガンがあるだけで郷里にはこれなくどうしても正確な教授も出来なかったので、私は自費で一台のオルガンを買って郷土の学校に寄附したことなどもありました。自分はどうかして新しい知識を郷里に入れようと努めていたのです。

当時は私の家には財産があったので、この頃は学問に遊んでいたのです。親が早くなくなったので親よりの制裁もなく、自分の念うままにすきな植物研究に入って行ったのです。こうして自分の研究を進める一面、自分は方々よりあつめた本を郷土の人々に紹介しては読書の関心を強めようとしていたのです。

研究に没頭して、遊蕩を省みない

二十代頃を顧りみて、いままでによかったと思うことが一つある。丁度その頃僕達の市街にもいろいろの料理屋などが出来て、思想の定まらない青年達はその感覚の魔界におぼれて、随分その前途を謬ったものが多かった。しかし自分は植物の研究に自らの趣味も感じいたので花柳の巷には足を入れようとは思わなかった。またその時分もしも酒に親しむような悪習に染まっていたならば、あるいは酔いに乗じて酒に飲まれていたかもしれない。小さい時から酒をのまなかったことは正しく身を守ることを保証しているのです。

私は現在七十四歳です。でも老眼でもなく血圧も青年のように低い。動脈硬化の心配もない。医者の言葉ではもう三十年もその生命を許される、との事である。酒や煙草を飲まなかったことの幸福を今しみじみとよろこんでいる。

青年は是非酒と煙草をやめて欲しい。人間は健康が大切である。我等は出来る丈健康に長生きをし与えられたる使命を重んじその大事業を完成しなければならぬ。身心の健全は若い時に養わねばならぬ。

〔補〕　右は昭和十年に書いて公にしたものである。私は昭和十八年の今日八十二歳ですが幸に元気はすこぶる旺盛で一向に老人の様な気がしない。ゆえに牧野翁とか牧野叟とか牧野老とか署するのはこの上もなく嫌いで、また人からそう呼ばれるのも好まない。頭は白髪を戴いて冬の富嶽の様だが、心は夏の樹木の様に緑翠である。つまり葉鶏頭（老少年）なる植物が私を表象している。まだこれからウントがんばれる。めでたしめでたし。

正称アカメモチ、誤称カナメモチ

今一般に生籬《いけがき》に作られているカナメだとか、カナメモチだとかいっている者は実はカナメでも無ければまたカナメモチでも無く、これは宜《よろ》しくアカメあるいはアカメモチと為すべき者である。すなわちそれは誰れもが知っている様にその新芽が特に赤いからである。かの清少納言もまた赤芽には感心してこれを讃美し、彼れの『枕の草紙』には「そばのき、はしたなき心地すれども花の木なども散り果てゝ、おしなべたる緑になりたる中に、時も分かず、濃き紅葉の艶めきて、思ひがけぬ青葉の中より差し出でたる、めづらし」と書いている。そしてそのソバノキはすなわちいわゆるカナメモチのアカメモチである。

寺島良安の『倭漢三才図会《わかんさんさいずえ》』を見るとこの樹の材は最も堅硬だから扇のカナメを作る。それでカナメノキすなわち扇骨木《カナメノキ》と云うという様に書き、彼の大槻先生の『大言海』も同様である。

しかるに私の考えでは、この樹の材で扇のカナメを作るという事は全然ウソだと確信する。この樹の材は堅いには堅いが存外脆く粘力に乏しく、決して強靭では無いから、ソノ細かいカナメを作るには固《もと》より不適当である。ゆえに広い世間に一向それで拵《こしら》えたカナメを見ないで、カメナは皆金属か、骨か、あるいは鯨のオサか、また近来はセルロイドで作られている。もし幸にこの樹がその適材であったならば、その用途として何んで世間がこの得易い材を見逃がそうゾ、今実際に少しもそれが用いられて無い所を以て観ると、それが全く用に中《あた》らぬ樹であるからであると直ぐに合点が行くのであろう。ゆえにこの樹で扇のカナメを作るからそれでそれをカナメモチというのだとの古人の説は実にヨイ加減な机上の空論で、何等実際とは合っていなく、何等権威のあるものでは無い。そしてこれをそのまま信ずる人は疑も無く実際的の知識を欠いでいるわけである。

右の誤称カナメモチ、正称アカメモチは昔からこれをソバノキといっていたが、この称呼はなお今日でも諸州に現存していて、例えば土州ならびに紀州などではやはりそう呼んでいる。

昔の学者はこのソバノキのソバを稜の意に取ったからよくその語原が呑み込め無かったが、これは決して稜の意味では無く、それはこの樹上に群集攅簇《さんそう》して一面に満開する白花の姿が、宛かもソバすなわち蕎麦の花に似ているから、それでそう名づけられた者に外ならないのである。

〔補〕大槻先生の『大言海』ソバノキの条に「花白ク蕎麦ニ似タレバ云フカ」とあるが、これはその花がソバの花に似ているからそういうのでその点あえて疑わなくても宜しい。私の土佐の友人吉永虎馬氏は植物に明るい人であるが、先年ソバノキの花はその観ソバの花の様だから、そういうだろうと私に話したことがあって当時私は成る程と首肯《うな》ずいた。

植物を研究する人のために

植物研究の第一歩

植物研究の第一歩は、その名称をしらべることである。それがためにはまず盛に採集するがよい。採集したものはなるべく立派な標品につくる。こうして精細に形態上の観察を行いかつそれを記録するようにするがよい。なお参考書等によって調査をする。この頃は数多くの植物書が出来ているから、熱心に懇切にしらべるならば名称をおぼえる位のことは余り困難ではない。

併しそれでもわからなかったら、大学とか博物館とかを煩わしてしらべるがよい。植物同好会のような実地の研究会にはなるべく数多く出席することを希望する。

形態の観察と用途の調査

こうして名称がわかったら、形態上の観察をなるべく綿密に行い、それからなお進んではその用途につきいろいろの方面にわたってしらべるがよい。かくすることにより、その植物に対する興味は油然として起るものである。殊にまたそれが大学方面に関聯して考察が進められるようになったら、必ずやなお一層趣味が深まって行き、研究が極めて面白くなると思う。

植物研究の真髄

植物の学問は口舌や文字の学問でなく、徹頭徹尾実地の学問である。実地につき、実物について研究する処に植物学研究の真髄が存在する。地理を教える人の中にはロンドンを知らずしてロンドンを授け、鹿児島の地を踏まないで鹿児島の地理を説くものがある。そんなことではどうして生きた地理教授、力のある地理教育が行われるものぞ。

教育は教師の実力が根本であって、教授術の如《ごと》きは末の末である。もし私をして文部大臣たらしむるならば、学校教師、実力の向上を第一に訓令する。知識を豊富にすることが極めて肝要である。徒らに教育法や教授術を説くものは、大砲を造ることに汲々として砲弾の用意を忘れたものに等しい。如何に名砲を備えたといっても砲弾がなくては単なる装飾物に過ぎない。

実力養成の方法

されどそのように実力を養成し、知識を豊富にすることは現在のままでは到底望まれない。時に触れ、折を求めて実地の研究を進めると共に、良書を熟読する必要がある。しかしこの頃のように図書が高価では個人で購読することはなかなか容易でない。学校長は予算を善用して学校へ良書の購入を適当に行うがよく、また父兄からも成るべく図書を学校へ献納して貰うようにするがよい。

〔補〕数年前に書いて公にしたものである。

植物採集は身体の健康を誘致する功能が極めて多い。それはその筈でまず第一運動が足るからである。かつ新鮮な空気を吸い、日光を浴びて緑草緑樹の山野に愉快に行動する。健康ならざらんとするも豈《あ》に得べけんやである。私の健康は全く右に職由して得たものであるといってよい。

植物を採集するは植物に通ずる途の一つである。これを廃すると植物分類の学者はすこぶる迂遠になることを免かれ得ない。

植物採集、標品製作は一の技術である。人により非常に巧拙がある。分類専門の学者でもその標品を作ることが拙劣なものが多く、優秀な標品を製し得る人は割合に寡ない。拙著『趣味の植物採集』（三省堂発行、定価金一円五十銭）は採集の方法を教えた書である。

アマリリス

普通に園芸界ならびに世間でアマリリスと呼ぶものは決してAmaryllis Belladonna L.を指していっているのではない。このA. Belladonna L.は、単にこれをアマリリスとはいわないでベラドナ・リリー（Belladonna Lily）と称するのである。そして今我邦では一般にはこれを見ないが多分東京帝国大学の小石川植物園には作っているであろう。和名をホンアマリリスという人もあるが私はこれをアケボノズイセンと呼んでいる。花は薔薇色で美しく香気がある。花茎頂に中形の数花を繖形に出して夏秋の間に開花し、葉は花後に出る。ゆえに花の時には葉は無い。

世間俗称のアマリリスはAmaryllisですけれどこれは往時このAmaryllisなる属が、その属中に種々な植物を含んで呼ばれし時分に、その中に在った今日のHippeastrum（ジャガタラズイセン属）の者が一番際立って壮麗な花を開いて王者見たいな位置を占めていたためその類を特にアマリリスと俗称するようになったのである。それは丁度大菊中菊の如《ごと》き家植の菊を俗にクリサンセマム（Chrysanthemum）と呼んでいるのと同一轍である。

その後学者の研究によってその広汎なAmaryllis属はその属中の多くの植物が幾つかの独立新属と成りて分裂し、その中で唯一種のみが取り残されてAmaryllis属の本塁を孤守するように成った。すなわちそれがAmaryllis Belladonna L.である。しかるにこの品がこの様に正にアマリリスの正品であるに拘《かか》わらず世間では決して単にこれをアマリリスとはいわないのである。そしてこれを既に前に書いたようにベラドナ・リリーといい、単にアマリリスと俗称するものはこれも前に述べたようにHippeastrum属の品種であって普通には特にその雑種であるH. hybridumを指して呼んでいるのである。

今日我邦で往々Amaryllis Belladonna L.をアマリリスだと書き、またHippeastrumたるべきアマリリスの学名をAmaryllis Belladonna L.としてある如きは共にその認識の誤っているのを表わしたものに外ならない。

終りに臨んで重ねて言うが世間でいうアマリリスは決してAmaryllis Belladonna L.ではなく、またA. Belladonna L.には決してアマリリスの俗称はない。『日本植物総覧』にA. Belladonna L.をアマリリスとしてあるのは根本莞爾氏が間違えて書いたものであるからこれに従うてはその誤りを受け継ぐ事になる。

序に日本と関係あるアマリリスを書いて見るとこの属すなわちHippeastrumの者が三種疾《と》く昔徳川時代に渡って来ている。すなわちそれはジャガタラズイセンとキンサンジコとベニスジサンジコ（牧野命名）の三種である。ジャガタラズイセンは九州を主として東では豆州、房州辺でも今見られるがキンサンジコは既に絶滅したのかどうもそれが見付からない。ベニスジサンジコは昔アロエと誤称せられていたこともあった品だが今日絶て無くして僅かにある位のものである。明治の代に成って雑種のアマリリスが渡来し今世間に多く見掛ける。すなわち園芸家が普通にアマリリスといっているものである。

旧渡の品に今一種あるように思うがこれは後日の討検を期している者である。

〔補〕上に書いたジャガタラズイセンは爪哇《ジャワ》水仙の意を表わしたものなれど、これは決してジャワのジャカトラの産ではなく、それはメキシコの原産植物であって我邦へは嘉永年間に舶載せられたものである。花は濃赤色で二つ並びて花茎端に着いているので、薩州辺では俗にメトバナと称する。すなわちメオトバナ（夫婦花）の意である。

キンサンジコは金山慈姑の意である。天保年間に渡来したものでメキシコ、ジャマイカ、ギアナ、ブラジル、ならびにチリの原産である。前に記した様に今日では日本に絶えたらしい。

年譜

本年譜は、高知県立牧野記念館の資料をもとにしている。


文久二（一八六二）〇歳　四月二四日、土佐国（現高知県）高岡郡佐川村（現佐川町）西町組一〇一番屋敷に生れる。父佐平、母久寿、幼名成太郎。生家岸屋は酒造と雑貨を営む裕福な商家だった。

慶応元（一八六五）三歳　父、佐平病死。

慶応三（一八六七）五歳　母、久寿病死。

慶応四（一八六八）六歳　この頃富太郎と改名。

明治五（一八七二）一〇歳　佐川西谷の土居謙護の寺子屋で習字を学ぶ。

明治六（一八七三）一一歳　目細谷の伊藤徳裕（蘭林）の塾で漢学を学ぶ。名教館に入り、西洋の諸学科を学ぶ。英語学校の生徒となる。

明治七（一八七四）一二歳　佐川小学校に入学。

明治九（一八七六）一四歳　小学校の授業に飽き足らず自然退学。文部省の博物掛け図だけは興味を感じた。退学後、植物採集などして過ごす。この頃「重訂本草綱目啓蒙」を取り寄せ、植物の名前を憶える。

明治一〇（一八七七）一五歳　佐川小学校授業生（臨時教員）となる。昆虫にも興味を持ち採集する。

明治一二（一八七九）一七歳　授業生を辞め、高知市に出て、弘田正郎の五松学舎に入塾する。コレラが流行り佐川に帰る。

明治一三（一八八〇）一八歳　石鎚山登山。植物の写生図を描き、観察記録をつくる。高知中学校教員永沼一郎を知り、欧米の植物学の影響を受ける。

明治一四（一八八一）一九歳　四月、第二回内国勧業博覧会見物と、顕微鏡や書籍の購入のため上京。文部省博物局に田中芳男らを訪ねる。

五月、日光採集。

六月、箱根、伊吹山などを採集し佐川に帰る。

九月、高知県西南部に一ヵ月採集旅行。足摺から柏島、沖の島にも採集。この頃自由民権運動にたずさわる。

明治一五（一八八二）二〇歳　小野職懿、伊藤圭介に植物の質問状を出す。

明治一七（一八八四）二二歳　四月、二度目の上京、東京大学理学部植物学教室へ出入りし、矢田部教授と松村任三助教授を知る。この年より明治二六年までの間、東京と郷里佐川をたびたび往復し、土佐では採集と写生に励む。日本植物誌編纂の大志を抱く。

明治一八（一八八五）二三歳　高知県西南部を再び採集旅行。

明治一九（一八八六）二四歳　五月、上京。コレラを避け箱根に滞在。芦ノ湖の水草を研究。石版技術を習う。

明治二〇（一八八七）二五歳　市川延次郎、染谷徳五郎と「植物学雑誌」創刊。巻頭論文に「日本産ひるむしろ属」掲載される。ロシアのマキシモヴィッチに標本を送る。

明治二一（一八八八）二六歳　一一月、「日本植物志図篇」刊行を始める。この年、小澤壽衛《すえ》と結婚。根岸に新所帯を持つ。

明治二二（一八八九）二七歳　「植物学雑誌」第三巻第二三号に大久保三郎と日本で初めて新種ヤ

マトグサに学名を付ける。佐川理学会発足。横倉山でコオロギラン発見。マキシモヴィッチに標本を送る。

明治二三（一八九〇）二八歳　五月、東京府下小岩村でムジナモ発見。矢田部教授より植物学教室出入りを禁止され、ロシアのマキシモヴィッチの元に赴こうとするが、その死去（二四年）により断念。

八月、池野成一郎と東北採集。

明治二四（一八九一）二九歳　「日本植物志図篇」第一巻第一一集で中断。佐川の実家を家財整理するため帰郷。

明治二五（一八九二）三〇歳　高知県下を採集。西洋音楽会を開き、音楽指導に当たる。

明治二六（一八九三）三一歳　長女園子死亡。上京する。

九月、帝国大学理科大学助手となる。

明治二七（一八九四）三二歳　台湾に植物採集のため出張する。

明治三二（一八九九）三七歳　「新撰日本植物図説」刊行始める。

明治三三（一九〇〇）三八歳　「大日本植物志」第一巻第一集発行。農事試験場に嘱託として勤め始める。パリ万博に竹の標本を出品。

明治三四（一九〇一）三九歳　「日本植物考察（英文）」を植物学雑誌に連載開始。「日本禾本莎草植物図譜」刊行始める。「日本羊歯植物図譜」刊行始める。

明治三五（一九〇二）四〇歳　「大日本植物志」第一巻第二集発行。ソメイヨシノの苗木を郷里佐川と五台山に送る。

明治三六（一九〇三）四一歳　北海道利尻島採集。

明治三八（一九〇五）四三歳　早池峯山採集。経済困窮、米カーネギー財団あて補助金の要請する。

明治三九（一九〇六）四四歳　「日本高山植物図譜」（三好学と共著）刊。「大日本植物志」第一巻第三集発行。この年から明治四四年まで、毎年九州各地で夏期植物講習会開催。

明治四〇（一九〇七）四五歳　東京帝室博物館天産課嘱託となる。

明治四一（一九〇八）四六歳　「植物図鑑」（北隆館）発行。

明治四二（一九〇九）四七歳　横浜植物会創立、指導に当たる。ヤッコソウ新種発表。

明治四三（一九一〇）四八歳　東京帝国大学理科大学を休職となる。

明治四四（一九一一）四九歳　千葉県立園芸専門学校嘱託となる。東京植物同好会創立、会長となる。「大日本植物志」第一巻第四集発行。

明治四五（一九一二）五〇歳　東京帝国大学理科大学講師となる。

大正二（一九一三）五一歳　七月、来日したエングラーと日光採集。高知帰省。

大正三（一九一四）五二歳　「東京帝室博物館乾　標本目録」刊。この頃、経済極度に困難。

大正五（一九一六）五四歳　「植物研究雑誌」を創刊。東京朝日新聞に窮状の記事出る。池長孟援助を申し出る。

大正八（一九一九）五七歳　北海道産オオヤマザクラの苗を帝室博物館に寄贈する。

大正一一（一九二二）六〇歳　夏、成蹊高等女学校の生徒と日光採集、校長中村春二を知り、支援を受ける。

大正一四（一九二五）六三歳　根本莞爾と共著「日本植物総覧」刊。「日本植物図鑑」刊。

大正一五（一九二六）六四歳　東京府下北豊島郡大泉町に居を構える（現・練馬区立牧野記念庭園）。

昭和二（一九二七）六五歳　理学博士の学位を受ける。

八月、青森、秋田で営林局員指導。

一〇月、新潟、金沢、長野で講演。

一二月、マキシモヴィッチ生誕百年祭に出席のため札幌に赴く。帰途、仙台で新種のササを発見。

昭和三（一九二八）六六歳　壽衛死去（五四歳）。新種のササにスエコザサと命名。

七月より大阪、広島、島根、新潟、岩手、青森等一一県を歴訪。一一月、帰郷。

昭和四（一九二九）六七歳　早池峯山採集。「頭註国訳本草綱目」刊行開始、植物の考訂をする。

昭和五（一九三〇）六八歳　鳥海山採集。

昭和六（一九三一）六九歳　自動車事故で負傷入院。

七月、青森、山形、飛鳥行き。

八月、伊吹山、紀州、石鎚山採集。

昭和七（一九三二）七〇歳　一月、関西滞在。

五月、広島文理科大学非常勤講師として学生を指導。

八月、英彦山採集。

一〇〜一一月、九州各地を採集旅行。「花ショウブの話」刊。「秋の七草の話」刊。「原色野外植物図譜」刊。

昭和八（一九三三）七一歳　「植物研究雑誌」主筆を退く。

昭和九（一九三四）七二歳　八月、高知帰郷。「牧野植物学全集」刊行始まる。

昭和一〇（一九三五）七三歳　八月、岡山、広島、鳥取三県植物採集会指導。岐阜、福井、白山、立山、金沢、富山採集踏査。「趣味の植物採集」刊。

昭和一一（一九三六）七四歳　三月、大島にサクラ調査。

四月、高知帰郷。佐川のサクラを見る。

昭和一二（一九三七）七五歳　朝日文化賞受賞。「菊の話」刊。

昭和一三（一九三八）七六歳　五月、喜寿の祝賀会。「趣味の草木志」刊。

七月、長崎、熊本、種子島採集。

一二月、高知帰郷。ノジギク、シオギク見る。

昭和一四（一九三九）七七歳　東大へ辞表を提出、講師辞任。

昭和一五（一九四〇）七八歳　「牧野日本植物図鑑」刊。

一一月、大分県犬ヶ嶽から転落、年末まで別府で静養。「雑草三百種」刊。

昭和一六（一九四一）七九歳　満州にサクラ調査。

八月、池長孟より標本返還される。安達潮花の寄贈により牧野植物標品館が自邸内に建設される。

昭和一八（一九四三）八一歳　「植物記」刊。

昭和一九（一九四四）八二歳　「続植物記」刊。

昭和二〇（一九四五）八三歳　春、標品館の一部に被弾。

五月、山梨県巨摩郡那穂坂村に疎開。

一〇月、帰郷。

昭和二一（一九四六）八四歳　個人誌「牧野植物混混録」第一号刊。

昭和二二（一九四七）八五歳　「牧野植物随筆」刊。

昭和二三（一九四八）八六歳　「趣味の植物誌」刊。

一〇月、皇居参内、天皇陛下に植物学御進講。「続牧野植物随筆」刊。

昭和二四（一九四九）八七歳　六月、大腸カタルで危篤となるが奇跡的に回復。

昭和二五（一九五〇）八八歳　「図説普通植物検索表一草木」刊。日本学士院会員となる。

昭和二六（一九五一）八九歳　文部省に牧野博士標本保存委員会設置される。

六月、標本整理始まる。第一回文化功労者となる。

昭和二七（一九五二）九〇歳　佐川の生家跡に「誕生の地」の記念碑建つ。

昭和二八（一九五三）九一歳　「随筆植物一日一題」刊。東京都名誉都民となる。植物標本のスクラップブックを作り、図や資料の整理をする。

昭和二九（一九五四）九二歳　一二月、風邪をこじらせ肺炎となり病臥する。

昭和三〇（一九五五）九三歳　七月、東京植物同好会を牧野植物同好会として再開。この年、ずっと病臥。上村登「牧野富太郎伝」刊。

昭和三一（一九五六）九四歳　高知県五台山に牧野植物園設立決定。

六月、病状悪化。

七月、昭和天皇よりお見舞いのアイスクリーム届く。

八月、危機を脱する。

一一月、再び重体となる。

一二月、佐川町名誉町民となる。「植物学九十年」刊。「牧野富太郎自叙伝」刊。

昭和三二（一九五七）九五歳　一月一八日永眠。没後、文化勲章を授与される。東京都谷中墓地に葬られる。佐川町に分骨。

昭和三三（一九五八）没後一年　高知県立牧野植物園開園。東京都立大学理学部牧野標本館開館。練馬区牧野記念庭園開園。

本書は一九四三年八月十五日、桜井書店より刊行されたものである。文庫化にあたっては、編集部において、現在通用の漢字と現代かな遣いに改め、いくつかの漢字を平がなにひらき、読点を補い、あきらかな誤りと思われるものは訂正した。

自己組織化と進化の論理
スチュアート・カウフマン
米沢富美子監訳
森弘之ほか訳
すべての秩序は自然発生的に生まれる、この「自己組織化」に則り、進化や生命のネットワーク、さらに経済や民主主義にいたるまで解明。

人間とはなにか(上)
マイケル・S・ガザニガ
柴田裕之訳
人間を人間たらしめているものとは何か? 脳科学界を長年牽引してきた著者が、最新の科学的成果を織り交ぜつつその核心に迫るスリリングな試み。

人間とはなにか(下)
マイケル・S・ガザニガ
柴田裕之訳
人間の脳はほかの動物の脳といったい何が違うのか? 社会性、道徳、情動、芸術など多方面から「人間らしさ」の根源を問う。ガザニガ渾身の大著!

新版 自然界における左と右(上)
マーティン・ガードナー
坪井忠二／藤井昭彦／小島弘訳
「左と右」は自然界において区別できるか? 上巻では、鏡の像の左右逆転から話をはじめ、動物や人体における非対称、分子の構造等について論じる。

新版 自然界における左と右(下)
マーティン・ガードナー
坪井忠二／藤井昭彦／小島弘訳
左右の区別を巡る旅は続く——下巻では、パリティの法則の破れ、反物質、時間の可逆性等が取り上げられ、壮大な宇宙論が展開される。（若島正）

ナチュラリストの系譜
木村陽二郎
西欧でどのように動物や植物の観察が生まれ、生物学の基礎となったか。分類体系の変遷、啓蒙主義との親和性等、近代自然誌を辿る名著。（塚谷裕一）

MiND《マインド》
ジョン・R・サール
山本貴光／吉川浩満訳
唯物論も二元論も、心をめぐる従来理論はそもそも全部間違いだ! その錯誤を暴き、あらゆる心的現象を自然主義の下に位置づける、心の哲学超入門。

類似と思考 改訂版
鈴木宏昭
類似を用いた思考=類推。それは認知活動のすべてを支える。類推を可能にする構造とはどのようなものか。心の働きの面白さへと誘う認知科学の成果。

デカルトの誤り
アントニオ・R・ダマシオ
田中三彦訳
脳と身体は強く関わり合っている。脳の障害がもたらす情動の変化を検証し「我思う、ゆえに我あり」というデカルトの心身二元論に挑戦する。

心はどこにあるのか　ダニエル・C・デネット　土屋俊訳

動物に心はあるか、ロボットは心をもつか、そもそも心はいかにして生まれたのか。いまだ解けないこの謎に、第一人者が真正面から挑む最良の入門書。

動物と人間の世界認識　日高敏隆

人間含め動物の世界認識は、固有の主体をもって客観的世界から抽出・抽象した主観的なものである。動物行動学からの認識論。（村上陽一郎）

人間はどういう動物か　日高敏隆

動物行動学の見地から見た人間の「生き方」と「論理」とは。身近な問題から、人を紛争へ駆りたてる「美学」まで、やさしく深く読み解く。（絲山秋子）

心の仕組み（上）　スティーブン・ピンカー　椋田直子訳

心とは自然淘汰を経て設計されたニューラル・コンピュータだ！　鬼才ピンカーが言語、認識、情動、恋愛や芸術など、心と脳の謎に鋭く切り込む！

心の仕組み（下）　スティーブン・ピンカー　山下篤子訳

人はなぜ、どうやって世界を認識し、言語を使い、愛を育み、宗教や芸術など精神活動をするのか？　進化心理学の立場から、心の謎の極地に迫る！

宇宙船地球号　操縦マニュアル　バックミンスター・フラー　芹沢高志訳

地球をひとつの宇宙船として捉えた全地球主義的思考宣言の書。発想の大転換を刺激的に迫り、エコロジー・ムーブメントの原点となった。

ペンローズの〈量子脳〉理論　ロジャー・ペンローズ　竹内薫／茂木健一郎訳・解説

心と意識の成り立ちを最終的に説明するのは、人工知能ではなく、〈量子脳〉理論だ！　天才物理学者ペンローズのスリリングな論争の現場。

鉱物　人と文化をめぐる物語　堀秀道

鉱物の深遠にして不思議な真実が、歴史と芸術をめぐり次々と披瀝される。深い学識に裏打ちされ、優しい語り口で綴られた「珠玉」のエッセイ。

植物一日一題　牧野富太郎

世界的な植物学者が、学識を背景に、植物名の起源を辿り、分類の俗説に熱く異を唱え、稀有な蘊蓄を傾ける、のびやかな随筆100題。（大場秀章）

植物記　牧野富太郎

万葉集の草花から「満州国」の紋章まで、博識な著者の珠玉の自選エッセイ集。独学で植物学を学んだ日々など自らの生涯もユーモアを交えて振り返る。

花物語　牧野富太郎

自らを「植物の精」と呼ぶほどの草木への愛情。その眼差しは学問知識にとどまらず、植物を社会に生かす道へと広がる。碩学晩年の愉しい随筆集。

クオリア入門　茂木健一郎

〈心〉を支えるクオリアとは何か。ニューロンの発火から意識が生まれるまでの過程の解明に挑む。心脳問題について具体的な見取り図を描く好著。

柳宗民の雑草ノオト　柳宗民・文　三品隆司・画

雑草は花壇や畑では厄介者。でも、よく見れば健気で可愛い。美味しいもの、薬効を秘めるものもある。カラー図版と文で60の草花を紹介する。

唯脳論　養老孟司

人工物に囲まれた現代人は脳の中に住む。脳とは檻なのか。情報器官としての脳を解剖し、ヒトとは何かを問うスリリングな論考。（澤口俊之）

スモールワールド・ネットワーク〔増補改訂版〕　ダンカン・ワッツ　辻竜平／友知政樹訳

たった6つのステップで、世界中の人々はつながっている！　ウイルスの感染拡大、文化の流行など様々な現象に潜むネットワークの数理を解き明かす。

ローマ帝国衰亡史（全10巻）　E・ギボン　中野好夫／朱牟田夏雄／中野好之訳

ローマが倒れる時、世界もまた倒れるといわれた強大な帝国は、なぜ滅亡したのか。一世紀から一五世紀までの壮大なドラマを、最高・最適の訳でおくる。

史記（全8巻）　司馬遷　小竹文夫／小竹武夫訳

中国歴史書の第一に位する「史記」全訳。帝王の本紀十二巻、封建諸侯の世家三十巻、庶民の列伝七十巻。さらに書・表十八巻より成る。

正史 三国志（全8巻）　陳寿　裴松之注　今鷹真ほか訳

後漢末の大乱から呉の滅亡に至る疾風怒濤の百年弱を列伝体で活写する。厖大な裴注をも全訳し、詳注、解説、地図、年表、人名索引ほかを付す。

情報理論　甘利俊一

「大数の法則」を押さえれば、情報理論はよくわかる！　シャノン流の情報理論から情報幾何学の基礎まで、本質を明快に解説した入門書。

アインシュタイン論文選　アルベルト・アインシュタイン　ジョン・スタチェル編　青木薫訳

「奇跡の年」こと一九〇五年に発表された、ブラウン運動・相対性理論・光量子仮説についての記念碑的論文五篇を収録。編者による詳細な解説付き。

入門　多変量解析の実際　朝野熙彦

多変量解析の様々な分析法。それらをどう使いこなせばいい？　マーケティングの例を多く紹介し、ユーザー視点に貫かれた実務家必読の入門書。

公理と証明　彌永昌吉　赤攝也

数学の正しさ、「無矛盾性」はいかにして保証されるのか。あらゆる数学の基礎となる公理系のしくみと証明論の初歩を、具体例をもとに平易に解説。

地震予知と噴火予知　井田喜明

巨大地震のメカニズムはそれまでの想定とどう違っていたのか。地震理論のいまと予知の最前線を明快に整理し、その問題点を鋭く指摘した提言の書。

ゆかいな理科年表　スレンドラ・ヴァーマ　安原和見訳

えっ、そうだったの！　数学や科学技術の大発見大発明大流行の瞬間をリプレイ。ときにニヤリ、ときになるほどとうならせる、愉快な読みきりコラム。

位相群上の積分とその応用　アンドレ・ヴェイユ　齋藤正彦訳

ハールによる「群上の不変測度」の発見、およびその後の諸結果を受け、より統一的にハール測度を論じた画期的著作。本邦初訳。　（平井武）

シュタイナー学校の数学読本　ベングト・ウリーン　丹羽敏雄／森章吾訳

中学・高校の数学がこうだったなら！　フィボナッチ数列、球面幾何など興味深い教材で展開する授業十二例。新しい角度からの数学再入門でもある。

問題をどう解くか　ウェイン・A・ウィケルグレン　矢野健太郎訳

初等数学やパズルの具体的な問題を解きながら、解決に役立つ基礎概念を紹介。方法論を体系的に学ぶことのできる貴重な入門書。　（芳沢光雄）

算法少女　遠藤寛子

父から和算を学ぶ町娘あきは、算額に誤りを見つけ声を上げた。と、若侍が……。和算への誘いとして定評の少年少女向け歴史小説。箕田源二郎・絵

原論文で学ぶ　アインシュタインの相対性理論　唐木田健一

ベクトルや微分など数学の予備知識も解説しつつ、一九〇五年発表のアインシュタインの原論文を丁寧に読み解く。初学者のための相対性理論入門。

医学概論　川喜田愛郎

医学の歴史、ヒトの体と病気のしくみを概説。現代医療で見過ごされがちな「病人の存在」を見据えつつ、「医学とは何か」を考える。（酒井忠昭）

初等数学史（上）　フロリアン・カジョリ　小倉金之助補訳　中村滋校訂

厖大かつ精緻な文献調査にもとづく記念碑的著作。古代エジプト・バビロニアからギリシャ・インド・アラビアへいたる歴史を概観する。図版多数。

初等数学史（下）　フロリアン・カジョリ　小倉金之助補訳　中村滋校訂

商業や技術の一環としても発達した数学。下巻は対数・小数の発明、記号代数学の発展、非ユークリッド幾何学など。文庫化にあたり全面的に校訂。

複素解析　笠原乾吉

複素数が織りなす、調和に満ちた美しい数の世界とは。微積分に関する基本事項から楕円関数の話題までがコンパクトに詰まった、定評ある入門書。

初等整数論入門　銀林浩

「神が作った」とも言われる整数。そこには単純に見えて、底知れぬ深い世界が広がっている。互除法、合同式からイデアルまで。（野崎昭弘）

算数の先生　国元東九郎

7164は3で割り切れる。それを見分ける簡単な方法があるという。数の話に始まる物語ふうの小学校高学年むけの世評名高い算数学習書。（板倉聖宣）

新しい自然学　蔵本由紀

科学的知のいびつさが様々な状況で露呈する現代。非線形科学の泰斗が従来の科学観を相対化し、全く新しい自然の見方を提唱する。（中村桂子）

ゲーテ地質学論集・鉱物篇
ゲーテ
木村直司編訳
地球の生成と形成を探って岩山をよじ登り洞窟を降りる詩人。鉱物・地質学的な考察や紀行から、新たなゲーテ像が浮かび上がる。文庫オリジナル。

ゲルファント やさしい数学入門 座標法
ゲルファント／グラゴレヴァ／キリロフ
坂本實訳
座標は幾何と代数の世界をつなぐ重要な概念。数直線のおさらいから四次元の座標幾何までを、世界的数学者が丁寧に解説する。訳し下ろしの入門書。

ゲルファント 関数とグラフ やさしい数学入門
ゲルファント／グラゴレヴァ／シノール
坂本實訳
数学でも「大づかみに理解する」ことは大事。グラフ化＝可視化は、関数の振る舞いをマクロに捉える強力なツールだ。世界的数学者による入門書。

和算書「算法少女」を読む
小寺裕
娘あきが挑戦していた和算とは？ 歴史小説『算法少女』のもとになった和算書の全問をていねいに読み解く。遠藤寛子のエッセイを付す。（土倉保）

解析序説
小林龍一／廣瀬健／佐藤總夫
自然や社会を解析するための、「活きた微積分」のセンスを磨く！ 差分・微分方程式までを丁寧にカバーした入門者向け学習書。（笠原晧司）

確率論の基礎概念
A・N・コルモゴロフ
坂本實訳
確率論の現代化に決定的な影響を与えた『確率論の基礎概念』に加え、有名な論文「確率論における解析的方法について」を併録。全篇新訳。

雪の結晶はなぜ六角形なのか
小林禎作
雪が降るとき、空ではどんなことが起きているのだろう。自然が作りだす美しいミクロの世界を、科学の目でのぞいてみよう。（菊池誠）

物理現象のフーリエ解析
小出昭一郎
熱・光・音の伝播から量子論まで、振動・波動にもとづく物理現象とフーリエ変換の関わりを丁寧に解説。物理学の泰斗による名教科書。（千葉逸人）

ガロワ正伝
佐々木力
最大の謎、決闘の理由がついに明かされる！ 難解なガロワの数学思想をひもといた後世の数学者たちにも迫った、文庫版オリジナル書き下ろし。

ブラックホール　佐藤文隆／R・ルフィーニ

相対性理論から浮かび上がる宇宙の「穴」。星と時空の謎に挑んだ物理学者たちの奮闘の歴史と今日的課題に迫る。写真・図版多数。

はじめてのオペレーションズ・リサーチ　齊藤芳正

問題を最も効率よく解決するための科学的意思決定の手法。当初は軍事作戦計画として創案されたが、現在では経営科学等多くの分野で用いられている。

システム分析入門　齊藤芳正

意思決定の場に直面した時、問題を解決し目標を達成する多くの手段から、最適な方法を選択するための論理的思考。その技法を丁寧に解説する。

数学をいかに使うか　志村五郎

「何でも厳密に」などとは考えてはいけない」——。世界的数学者が教える「使える」数学とは。文庫版オリジナル書き下ろし。

数学をいかに教えるか　志村五郎

日米両国で長年教えてきた著者が日本の教育を斬る！　掛け算の順序問題、悪い証明と間違えやすい公式のことから外国語の教え方まで。

記憶の切繪図　志村五郎

世界的数学者の自伝的回想。幼年時代、プリンストンでの研究生活と数多くの数学者との交流と評価。巻末に「志村予想」への言及を収録。（時枝正）

通信の数学的理論　C・E・シャノン／W・ウィーバー　植松友彦訳

IT社会の根幹をなす情報理論はここから始まった。発展いちじるしい最先端の分野に、今なお根源的な洞察をもたらす古典的論文が新訳で復刊。

数学という学問Ⅰ　志賀浩二

ひとつの学問として、広がり、深まりゆく数学。数・微積分・無限など「概念」の誕生と発展を軸にその歩みを辿る。オリジナル書き下ろし。全3巻。

数学という学問Ⅱ　志賀浩二

第2巻では19世紀の数学を展望。数概念の拡張によりもたらされた複素解析のほか、フーリエ解析、非ユークリッド幾何誕生の過程を追う。

現代数学概論　赤攝也

初学者には抽象的でとっつきにくい〈現代数学〉。「集合」「写像とグラフ」「群論」「数学的構造」といった基本的概念を手掛かりに概説した入門書。

数学と文化　赤攝也

諸科学や諸技術の根幹を担う数学、また「論理的・体系的な思考」を培う数学。この数学とは何ものなのか？　数学の思想と文化を究明する入門概説。

微積分入門　W・W・ソーヤー　小松勇作訳

微積分の考え方は、日常生活のなかから自然に出てくるもの。∫やlimの記号を使わず、具体例に沿って説明した定評ある入門書。（瀬山士郎）

新式算術講義　高木貞治

算術は現代でいう数論。数の自明を疑わない明治の読者にその基礎を当時の最新学説で説く。「解析概論」の著者若き日の意欲作。（高瀬正仁）

数学の自由性　高木貞治

大数学者が軽妙洒脱に学生たちに数学を語る！　60年ぶりに復刊された人柄のにじむ幻の同名エッセイ集を含む文庫オリジナル。（高瀬正仁）

ガウスの数論　高瀬正仁

青年ガウスは目覚めとともに正十七角形の作図法を思いついた。初等幾何に露頭した数論の一端！　創造の世界の不思議に迫る原典講読第2弾。

評伝　岡潔　星の章　高瀬正仁

詩人数学者と呼ばれ、数学の世界に日本的情緒を見事開花させた不世出の天才・岡潔。その人間形成と研究生活を克明に描く。誕生から研究の絶頂期へ。

評伝　岡潔　花の章　高瀬正仁

野を歩き、花を摘むように数学的自然を彷徨した伝説の数学者・岡潔。本巻は、その圧倒的数学世界を、絶頂期から晩年、逝去に至るまで丹念に描く。

高橋秀俊の物理学講義　高橋秀俊　藤村靖

ロゲルギストを主宰した研究者の物理的センスとは。力について、示量変数と示強変数、ルジャンドル変換、変分原理などの汎論四〇講。（田崎晴明）

物理学入門　武谷三男

科学とはどんなものか。ギリシャの力学から惑星の運動解明まで、理論変革の跡をひも解いた科学論。三段階論で知られる著者の入門書。（上條隆志）

数は科学の言葉　トビアス・ダンツィク　水谷淳訳

数感覚の芽生えから実数論・無限論の誕生まで、数万年にわたる人類と数の歴史を活写。アインシュタインも絶賛した数学読み物の古典的名著。

常微分方程式　竹之内脩

初学者を対象に基礎理論を学ぶとともに、重要な具体例を取り上げ、それぞれの方程式の解法と解について解説する。練習問題を付した定評ある教科書。

数理のめがね　坪井忠二

物のかぞえかた、勝負の確率といった身近な現象の本質を解き明かす地球物理学の大家による数理エッセイ。後半に「微分方程式雑記帳」を収録する。

一般相対性理論　P・A・M・ディラック　江沢洋訳

一般相対性理論の核心に最短距離で到達すべく、卓抜した数学的記述で簡明直截に書かれた天才ディラックによる入門書。詳細な解説を付す。

幾何学　ルネ・デカルト　原亨吉訳

哲学のみならず数学においても不朽の功績を遺したデカルト。『方法序説』の本論として発表された『幾何学』、初の文庫化！（佐々木力）

不変量と対称性　今井淳／寺尾宏明／中村博昭

変えても変わらない不変量とは？　そしてその意味や用途とは？　ガロア理論や結び目の現代数学に現われる、上級の数学センスをさぐる7講義。

数とは何かそして何であるべきか　リヒャルト・デデキント　渕野昌訳・解説

「数とは何かそして何であるべきか？」「連続性と無理数」の二論文を収録。現代の視点から数学の基礎付けを試みた充実の訳者解説を付す。新訳。

数学的に考える　キース・デブリン　冨永星訳

ビジネスにも有用な数学的思考法とは？　言葉を厳密に使う、量を用いて考える、分析的に考えるといったポイントからとことん丁寧に解説する。

ちくま学芸文庫

植物記《しょくぶつき》

二〇〇八年十二月十日　第一刷発行
二〇二三年二月二十日　第七刷発行

著者　牧野富太郎（まきの・とみたろう）
発行者　喜入冬子
発行所　株式会社　筑摩書房
東京都台東区蔵前二―五―三　〒一一一―八七五五
電話番号　〇三―五六八七―二六〇一（代表）
装幀者　安野光雅
印刷所　株式会社精興社
製本所　株式会社積信堂

ISBN978-4-480-09192-5 C0195